JN252927

よくわかる人工知能

何ができるのか？
社会はどう変わるのか？

[監修] 松尾　豊

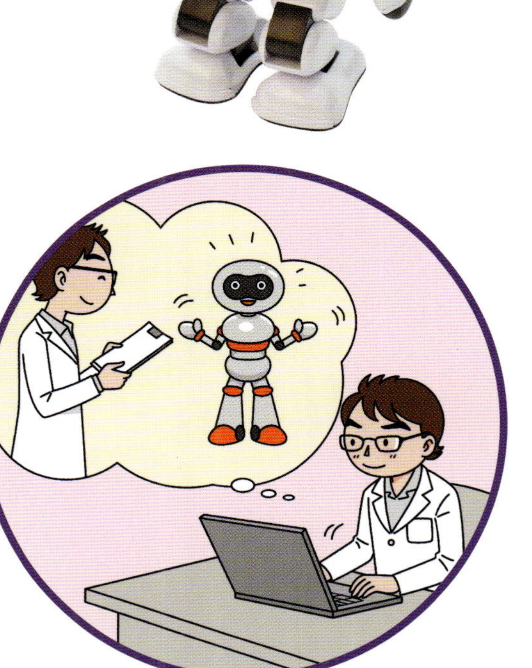

PHP

コレもできる!?

人工知能が生み出す 未来の生活 5

人工知能が発達したそんな遠くない未来、
わたしたちの生活はどうなっているのか見てみましょう。

友だちが
来るから

できるかも
1

ピカピカにそうじしてくれる！

リビングの床や窓ガラスはもちろん、お風呂の浴槽や庭の芝刈りまで、人工知能を備えたロボットが、その場所に応じて、きれいにしてくれる。

できるかも
2

外国語を自動で翻訳してくれる！

ただ言葉を訳すのではなく、話す相手の考えを反映した、まるで人と人とが会話しているような精度の高い翻訳を行う。さまざまな国の人と交流できるようになる。

今から映画を
見に行かない？
Shall we go to
watch a movie now?
OK！
いいね
OK！
いいわよ

車が自動で運転してくれる！

目的地を音声入力するだけで、そこまで連れて行ってくれるバスや自家用車などが、道を走るようになる。運転で疲れることもなく、交通渋滞の減少にもつながる。

勉強を教えてくれる！

家で勉強をしているとき、わからないことについて質問すると、正解か不正解というだけでなく、どこが原因で答えがまちがっているかまで教えてくれる。

自動で料理をつくってくれる！

つくってほしい料理を入力すると、人工知能を備えたロボットが材料を切ったり、混ぜたり、焼いたりして料理をつくる。あと片付けまでしてくれる。

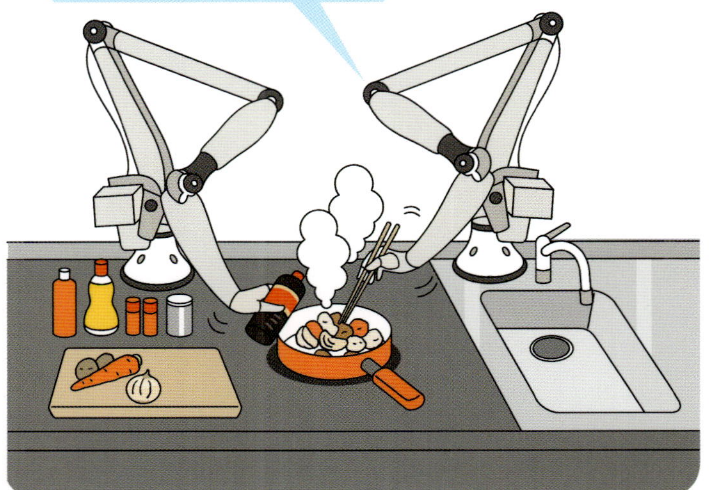

よくわかる人工知能

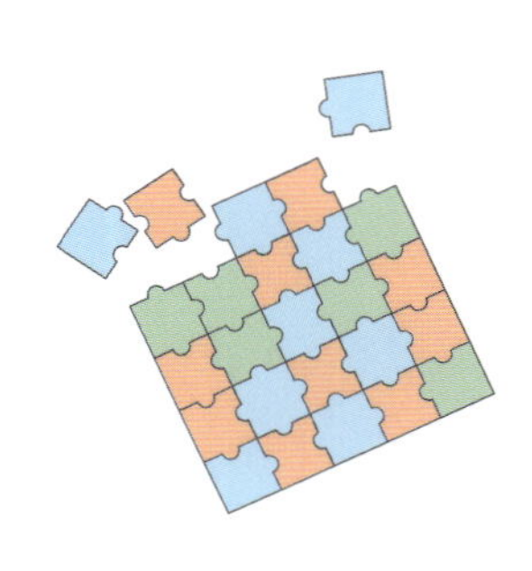

パート2 こうして発展！ 人工知能の歴史

パート3 一気に成長！ 人工知能

はじめに

人工知能で変わる未来

今、人工知能（ＡＩ）ブームと呼ばれていることを知っていますか。新聞記事やテレビ、インターネットで毎日のように、人工知能に関係したニュースが出てくるのは、そのためです。

じつは、人工知能は最近になってできた技術ではありません。1950年代半ばから研究は始まっていて、その研究成果は社会でも使われてきました。とはいえ、そのときの人工知能の性能ではできないことが多く、人工知能はそれほど注目されていませんでした。

この状況を変えるきっかけとなったのが、「ディープラーニング」という人工知能の新しい学習方法の開発でした。おかげで人工知能の性能は飛躍的に上がり、完全な自動運転車や人間とスムーズに会話ができるロボットなど、人工知能の技術が活用された製品が、近い将来、世の中のさまざまな場所で見られるようになると予測されています。

そうすると、人工知能にたずさわる人たちも増えていきますし、人工知能を利用した新しいビジネスなどが、次々に生まれてくることでしょう。

しかし、現在の人工知能ができることは限られていますし、課題もまだまだあります。そのために、人工知能がどういったものなのか、その人工知能によって、わたしたちの社会はどのように変わっていくのかを、この本で知ってください。

東京大学大学院工学系研究科 特任准教授
松尾 豊

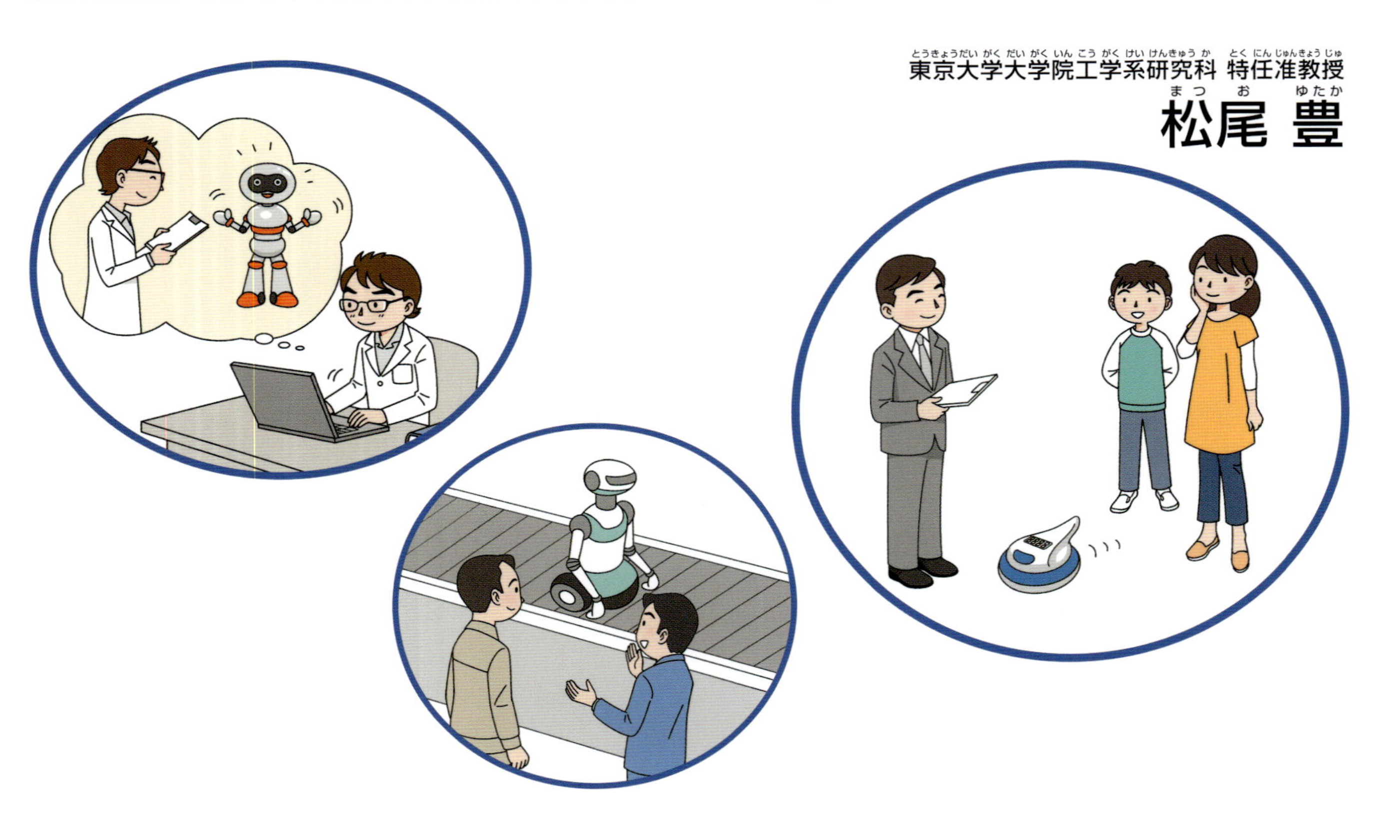

パート
1

そうだったの!?
人工知能の真実

「人間のように考えるコンピュータ」を目指す

人工知能はまだ完成していない

人間の「考える」という能力をつくる

人工知能の「人工」というのは、「人間がつくったもの」ということです。「知能」というのは、学習したことや経験したことをもとに、何かの目的のために考える「能力」のことです。

つまり、人工知能（ＡＩ）とは、人間がつくった、人間のように考える能力を備えたもののことです。

キーワード **AI**

英語で「Artificial Intelligence」（アーティフィシャル・インテリジェンス）の頭文字をつなげた言葉。「人がつくった知能（知性）」という意味で、「人工知能」の呼び方に使われている。

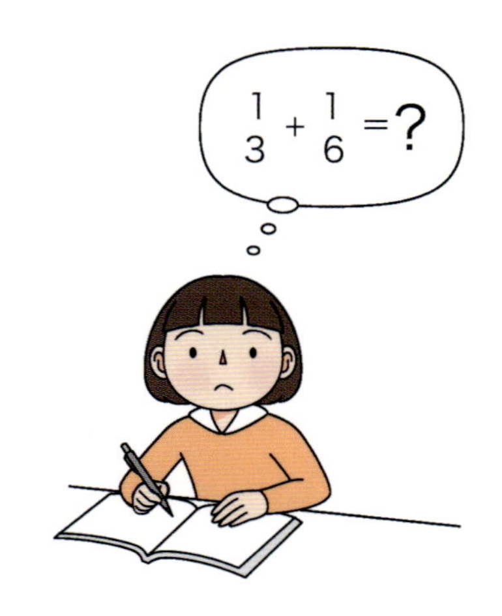

人間は計算するなど、考える能力をもつ。

脳の代わりにコンピュータを使う

生き物の知能は、脳が大切な役割をもっています。人間をはじめとする多くの生き物が体を動かしたり、考えたりできるのは脳があるからです。

そして、人間の脳と同じ知能を備えたもの（人工知能）をつくり出すために、コンピュータが使われています。

キーワード **コンピュータ**

決められた命令にしたがって計算をする機械のこと。

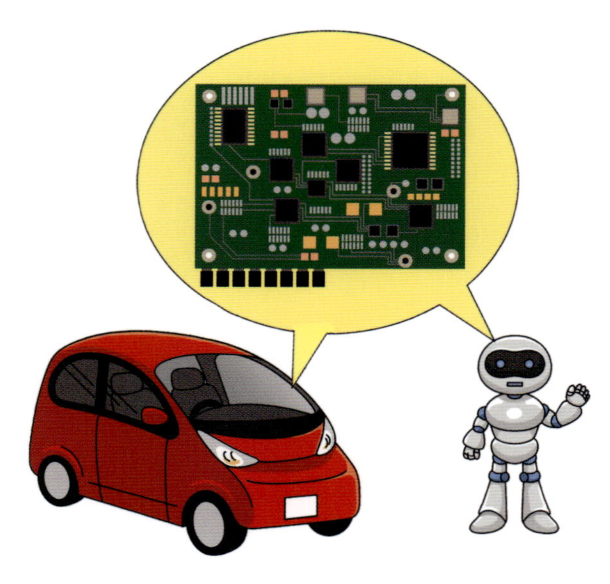

人工知能の脳にあたるのが、コンピュータだ。

何を人工知能とするか いろいろな考え方がある

人工知能という言葉はよく使われていますが、じつは人工知能がどういったもののこと(定義)をいうのか、はっきりとは決まっていません。

人間の知能については、まだわかっていないことがたくさんあり、その人間の知能を備えた人工知能についてもいろいろな考え方があるのです。

人間と同じように考えられる人工知能をつくって調べることで、人間の知能についてもわかってくるでしょう。

日本のおもな研究者による人工知能の定義

定義	研究者
人工的につくられた、知能をもつ実体。あるいはそれをつくろうとすることによって知能自体を研究する分野である	中島秀之(公立はこだて未来大学名誉学長)
「知能をもつメカ」ないしは「心をもつメカ」である	西田豊明(京都大学大学院教授)
人工的につくった知的なふるまいをするもの(システム)である	溝口理一郎(北陸先端科学技術大学院大学特任教授)
究極には人間と区別がつかない人工的な知能のこと	松原仁(公立はこだて未来大学教授)
人工的につくられた人間のような知能、ないしはそれをつくる技術	松尾豊(東京大学大学院特任准教授)

出典:『人工知能学会誌』

人工知能はこれからどんどん発展していく

今のコンピュータは、一度覚えたことは忘れませんし、短い時間でたくさんの計算をするのが得意です。

しかし、本当の意味での人工知能である「人間のように考えるコンピュータ」は、まだできていないのです。そこで、人間のように考えることのできる人工知能をつくろうと、多くの人が人工知能を研究しています。

今後、研究が進むと、人間のように考えて行動できる人工知能が実現すると期待されています。

料理をしたり、運転をしたりなど、人工知能を備えた機械や、人工知能を利用したしくみが世の中で使われるようになってきています。

「人間のように考える」という本当の意味での人工知能の研究が続けられている。

命令なのか、自分で考えるのか？

人工知能を備えたロボットと備えていないロボット

人間を助けるロボットたち

人間のように考えるという段階ではありませんが、人間が決めたルールにもとづいて動くロボットには、じつは人工知能が組みこまれています。部屋をきれいにするそうじロボット、自動車などの組み立て工場に設置されている産業ロボット、建物内を警備したりするロボットなどがそうです。

みなさんも人間のように２本の足で立って歩いたり、簡単な会話ができたりするロボットを見かけたことがあるかもしれません。これも、人工知能を備えています。

●産業ロボット

●そうじロボット

●2足歩行ロボット

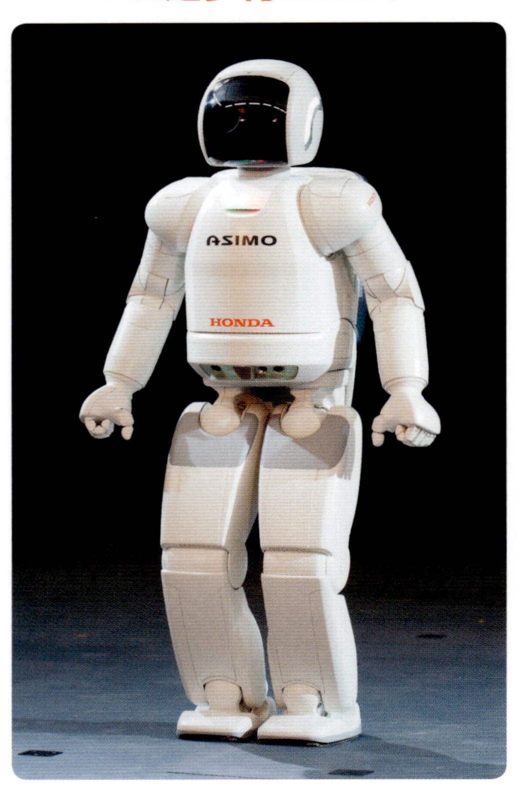

ロボットにおける人工知能の役割

ロボットは、目的が決まっていて、その目的を果たすように、自動的に動く機械のことです。電源を入れると、あらかじめ決められた動きをするようにつくられています。

それでは、ロボットに人工知能を組みこむと、どのような変化があるのでしょうか。２本の足で移動できるロボットをまっすぐ歩かせて、人工知能の役割を見てみましょう。

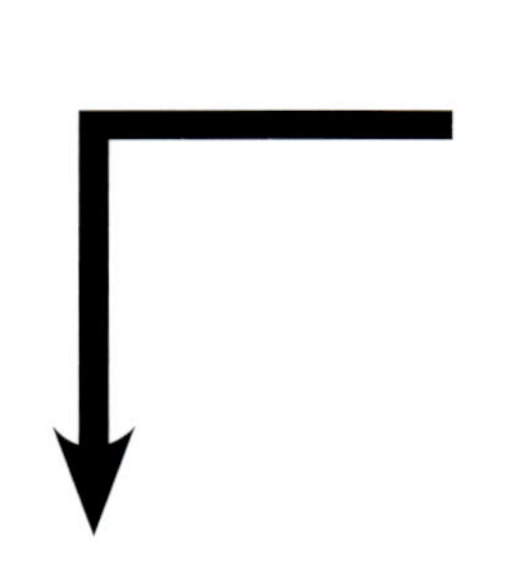

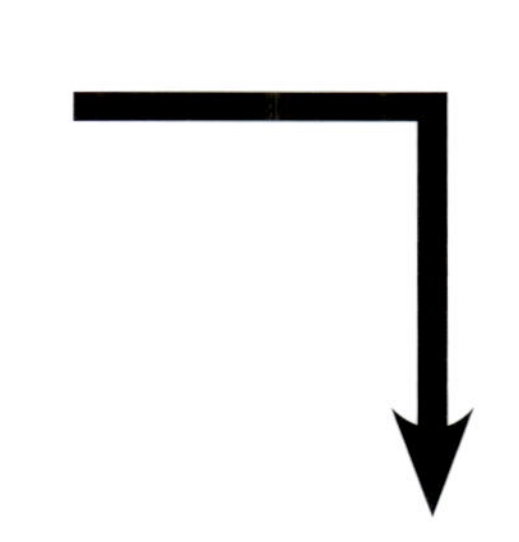

●人工知能を備えていない場合

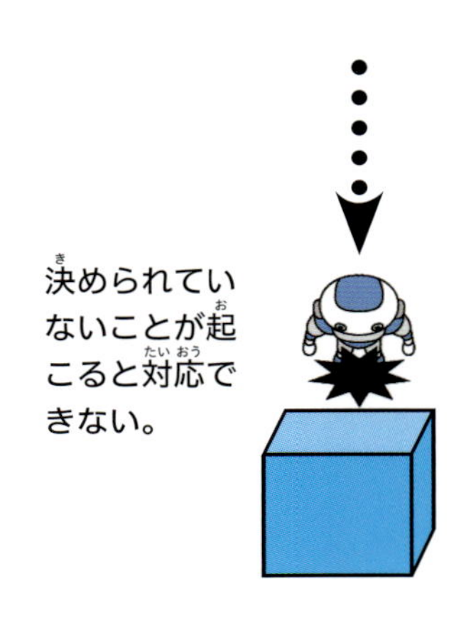

決められていないことが起こると対応できない。

●人工知能を備えている場合

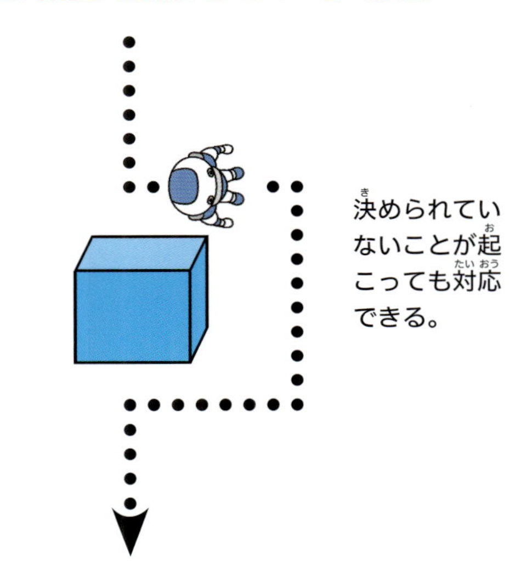

決められていないことが起こっても対応できる。

上空からの撮影や調査などに使われているドローンにも、人工知能が組みこまれています。そのため、そのときどきで変わる風の強さや風向きを計算して、空を飛ぶことができるのです。

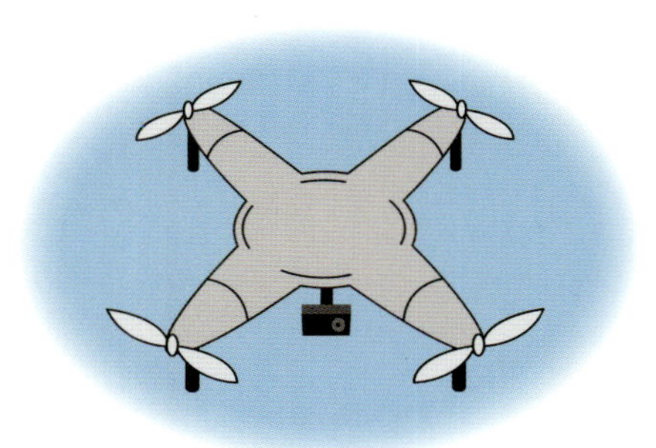

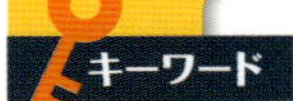

ドローン

もともとは人工知能が考えながら（自律制御しながら）移動するものを表す用語だった。最近では、複数のプロペラで空中を安定して飛ぶ、人工知能を備えた飛行する機械のことを指す。

使われ方によって変わる

人工知能のかしこさはちがう

用途によって性能はちがっている

人工知能といっても、使い道によって性能（かしこさ）はちがいます。洗濯機やエアコンを動かしているプログラムのことを、人工知能だとする考え方もあります。

キーワード　**プログラム**

そのときどきの状況に応じて、あらかじめ決められていることを実行する設定のこと。

自動洗濯機では、給水・洗い・排水・すすぎ・脱水など、利用する人が設定した手順のとおりに、洗濯物を洗います。

室内の気温が18℃より低くなれば自動的に電源が入る、反対に18℃より気温が高くなれば電源を切るというエアコンがあります。

家電製品に使われている人工知能

12ページで紹介した家電製品よりも、すぐれた人工知能を備えたさまざまな家電製品がたくさん出ています。どのような製品があるのかを見てみましょう。もしかしたら、みなさんの家にある、あの家電製品も人工知能で動いているかもしれません。

●ウォーターオーブン

音声で献立を相談し、決めた献立の画像を表示できる。種類や分量、温度のことなる複数の食材を自動で調理してくれる。

シャープ「ヘルシオ(AX-XW400)」

●冷蔵庫

冷蔵室のドアを開け閉めする頻度やタイミングからその家庭の生活リズムを学習。扉の液晶画面の文字・画像表示や音声で、献立や食品の保存方法などを知らせてくれる。

シャープ「メガフリーザー(SJ-GX55D)」

●全自動衣類折りたたみ機

投入された衣類を認識し、全自動で折りたたみ、仕分けまでしてくれる。衣類の種類ごとと、父親、母親、子ども用など家族ごとの2通りに仕分けられる。

セブン・ドリーマーズ・ラボラトリーズ「ランドロイド」

●圧力IH炊飯ジャー

炊飯に必要なデータを記憶し、水温・室温が変化しても同じおいしさが味わえるように調整してくれる。

象印マホービン「圧力IH炊飯ジャー」(NW-AT10)」

人工知能のかしこさのちがい

洗濯機やエアコンにも、人工知能が使われていることがわかりました。ただ、これらに使われている人工知能は、かしこさに応じて人工知能を4つのレベルに分けたうちのレベル1にあたります。そして、13ページで紹介した家電製品の人工知能はレベル2以上です。

それでは、レベルによって人工知能は、どのくらいかしこさがちがうのかを、倉庫で動く、人工知能を備えた機械を例に考えてみましょう。

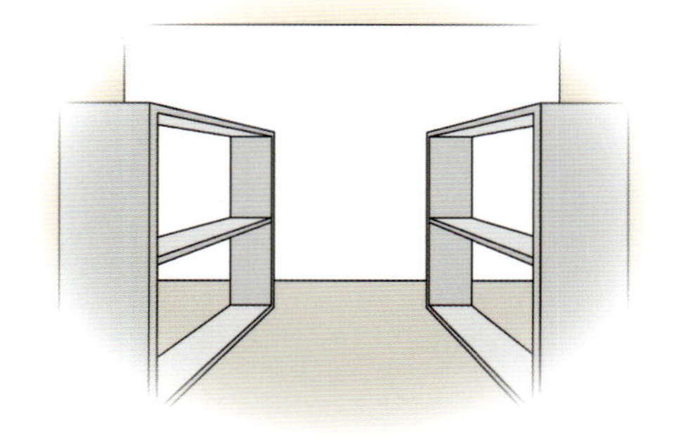

単純な制御プログラム

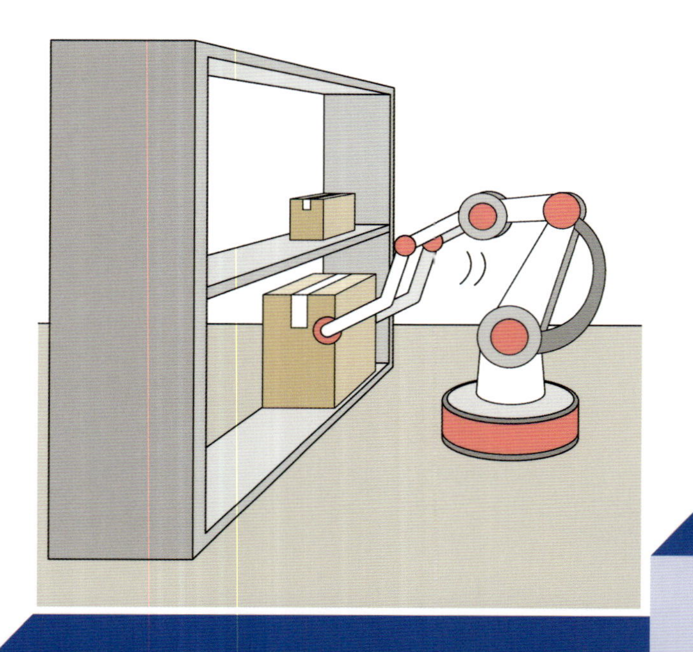

縦Acm以上、横Bcm以上、高さCcm以上の荷物は、「大」の置き場に移動する。それより小さい荷物は「小」の置き場に移動するなど、決められたルールにもとづいて動く。

レベル2

探索や知識などを取り入れた人工知能

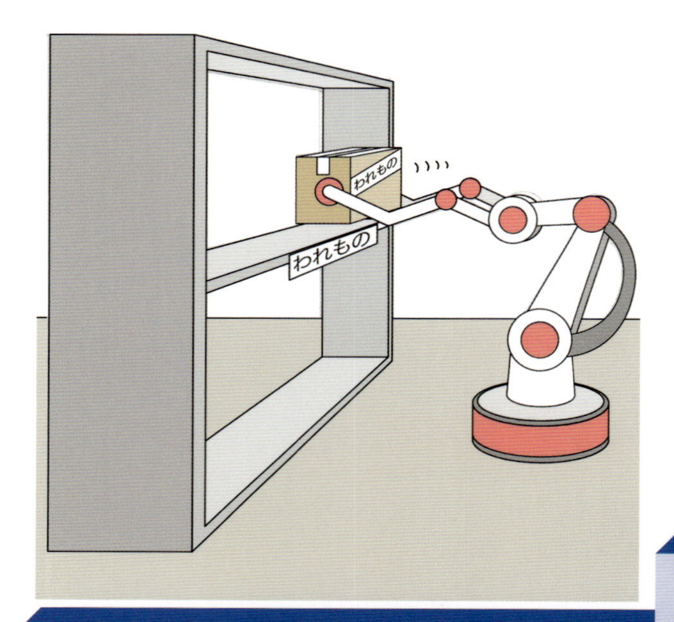

レベル1と同じように、縦Acm以上、横Bcm以上、高さCcm以上で仕分けるようにルールが設けられており、どのルールに当てはまるかを探索（31ページ参照）する。また、たくさんの知識（34ページ参照）が入れられていて、割れ物など、種類ごとにも分けられる。

レベル3

機械学習を取り入れた人工知能

レベル１と２のような厳格なルールがなく、知識も取り入れられていない。機械学習（36ページ参照）といわれるデータ処理方法を習得し、この荷物は「大」の置き場に、これは「小」の置き場にと、自分で判断して動く。

レベル4

ディープラーニングを取り入れた人工知能

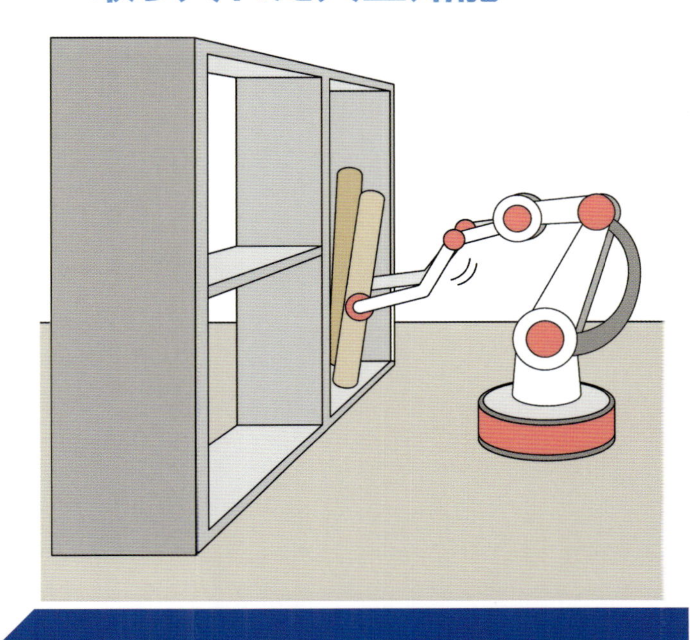

この荷物は、大きさだけなら「大」の置き場に移動させるべきだが、形が細長いから別の置き場のほうがいいなど、ディープラーニング（43ページ参照）といわれる学習方法によって、特徴的な部分を自分で発見し、いちばん効率的な仕分け方を学習して動く。

人工知能が生活を変える？

技術の発展が人のくらしを変えてきた

人類の生活を変えた新技術

人類が集団で生活するようになると、石器や土器をつくるのが上手な人、狩りをするのが上手な人など、役割を分担するようになりました。

そうして仕事の役割を分担するうちに各自が専門性を高め、新しい技術が生まれ、それを利用することで人々のくらしは変わってきたのです。

そして21世紀、人工知能という技術によって、人々の生活は大きく変わると予測されています。

●農耕の定着

狩りをしなくても、農耕で食料が手に入るようになり、別の土地へ移り住む必要がなくなった。人々は定住し、さらに人が集まり、大きな町ができる。

●航海術の発達

大海をわたることのできる大型の船や、正しい方角を示す羅針盤が開発されたことで、目的の地域に商売へ出かけるなど、交流と物流が盛んになる。

過去

●電気の実用化

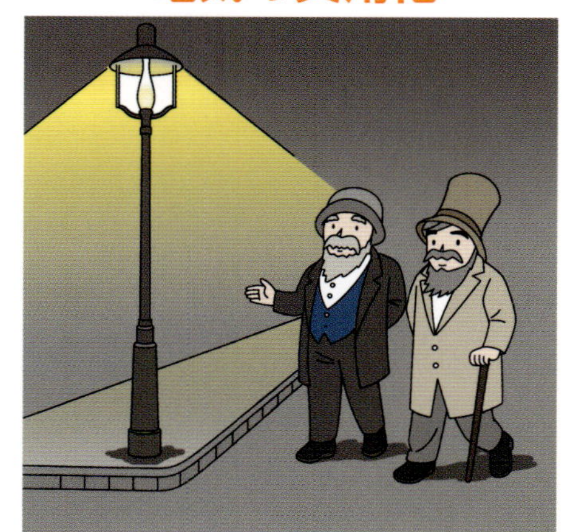

電気をつくる「発電」の発明によって、電灯や電車をはじめ、電気を利用したさまざまな製品がつくられ、くらしを便利にしていく。

現在

●コンピュータの登場

電子計算機からスタートし、パソコンをはじめ、さまざまな機械に欠かせないコンピュータがつくられる。インターネットでたくさんの情報を入手したり、発信したりできるようになる。

●蒸気機関車の誕生

蒸気の力で動く機関車によって、それまでの徒歩や、馬車などの動物を使った移動などに比べて、遠くの土地に早く、一度に大量にものを運べるようになった。

なくなっていくと予測される仕事

人工知能はコンピュータのプログラムであり、プログラミングとコンピュータの性能がどんどんと発展していくとともに、これまで人間がやっていた仕事の一部は、人工知能を備えた機械が行うようになると考えられています。たとえば、「おかしなことが発生すれば見つけて人に知らせる仕事」や「同じことをくり返す仕事」などです。

具体的には、監視や警備の仕事であれば、監視カメラの映像を見たり、建物内を見回ったりするなど、現在は人が行っている作業を人工知能が代わりに行い、異常があれば、監視員や警備員に知らせます。

ほかにも、どれだけの商品がお店に並んでいるかを管理し、少なくなった商品を企業から取り寄せる仕事なども、人工知能が行うようになると予測されています。

なくならない仕事の例

その一方で、人工知能がかしこくなっても人工知能に任せられない仕事があります。会社の経営者などが判断をくだすような仕事や、医師や教師、銀行など、人が対応してくれたほうが安心できる仕事などです。

今後は、人工知能が得意なことは人工知能に任せる、人にしかできない仕事は人が行う、という社会になっていくことでしょう。

教育

医師の診察

給食の献立など栄養の管理

銀行などの窓口業務

人と人とが直接話し合う必要があるような仕事は、人工知能がかしこくなってもなくならない。

人工知能によって新しく生まれる仕事

これから人工知能が普及していくと、人工知能に関係する仕事にたずさわる人々が必要になってきます。

たとえば、今までの機械の多くは、人間が直接、操作・操縦するようにつくられていましたが、それらを人工知能を備えた機械につくり直さなければなりません。

また、人工知能で動く機械や、人工知能そのものを点検したり、修理したりする仕事も増えていきます。

家庭用の人工知能を備えた製品の使い方の説明をする人。

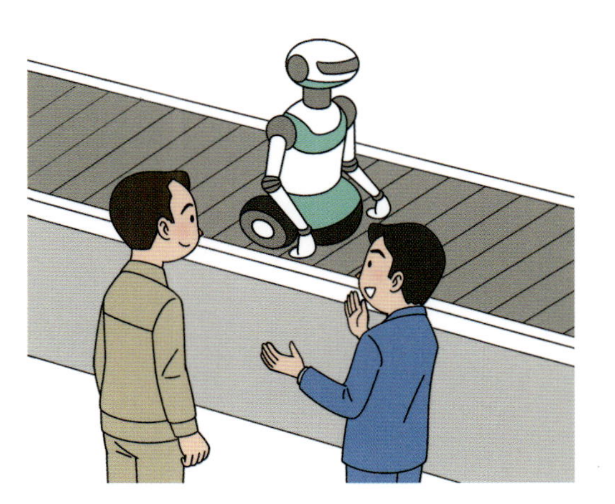

工場で動いている人工知能を備えたロボットの修理などを行う人。

プログラミングがこれから大切になる

これからの時代、たくさんの人工知能が使われるようになってくると、コンピュータを上手に使えることが重要になってきます。

そのため、2020年からは、小学校においても、プログラムについて学習するようになります。コンピュータをあつかう方法はもちろん、プログラムをつくること(プログラミング)の考え方を身につけておくことが大切です。

コンピュータを使ったプログラミングの授業が始まる。

人間よりもかしこくなるのだろうか？

どこまでも進化する人工知能

囲碁で人工知能に人間が敗れる

2016年、囲碁の世界王者になったこともある韓国のイ・セドルが、アメリカのインターネット関連会社のGoogleが開発した人工知能「AlphaGO」と対戦して敗れました。これまで人工知能は、チェスと将棋では人間に勝っていましたが、チェスや将棋と比べて選択肢の多い囲碁なら、あと10年は人間に勝てないと考えられていたため、世界はおどろきました。

AlphaGOはその後、人類最強の棋士といわれる中国の柯潔にも勝ちました。

データをどんどん取りこんでかしこくなり、人間よりすぐれた計算能力を活かせるゲームは、人工知能がもっとも得意とする分野なのです。

韓国のイ・セドル（右）と、AlphaGoの考えた手を打つ人（左）が対戦している。

各ゲームのトッププレーヤーに初めて勝利した人工知能

	チェス	囲碁	将棋
人工知能名	DeepBlue	AlphaGO	ponanza
開発した企業・人	IBM	Google	山本一成
対戦年	1997年	2016年	2017年
結果	当時のチェスの世界王者と対戦。6戦中2勝1敗3引き分けで、DeepBlueが勝利する。	世界王者になったこともある棋士と対局。5回の対局は4勝1敗でAlphaGoが勝利する。	第2期電王戦で、2017年の名人位の棋士と対局。第1局、第2局ともにponanzaが勝利する。

芸術の分野では人間のまねをする

それでは、チェスや将棋などのような明確なルールがなく、対戦相手がいない、小説や音楽、絵画といった芸術分野では、人工知能はどうなのでしょうか。

じつは、人工知能がつくった小説や音楽、絵画などはすでに発表されています。

その方法は、データとして取りこんだ芸術家の作品の中から、人工知能が特徴的な部分を探し出します。作曲であれば、たとえば「ド」の音の次は「レ」の音がよく使われているか、それとも「ミ」の音がよく使われているかなどを人工知能が調べて、その情報にもとづいて最適な音符を並べていくのです。

しかし今はまだ、こうしてつくられた芸術的な作品のほとんどは、有名な小説家や音楽家、画家の雰囲気をまねしてつくられたものにすぎません。

人工知能が人工知能をつくる!?

人間にゲームで勝ち、芸術分野でも人間の能力に近づいている人工知能は、これからどのように進化していくと考えられているのでしょうか。

人工知能の進化についていろいろと議論されている中のひとつに、人工知能が、人間よりもかしこい人工知能を生み出すシンギュラリティが、現実になるのではないかという考えがあります。

人間をこえ、世代を重ねるごとに人工知能がよりかしこい人工知能を次々とつくっていくと、人間が理解できないくらいの、すぐれた人工知能ができる可能性があるのです。

キーワード　シンギュラリティ

英語では「singularity」と書き、日本語では「技術的特異点」という意味。それまで通用していたいろいろな法則が通用しなくなる場所や時間のこと。

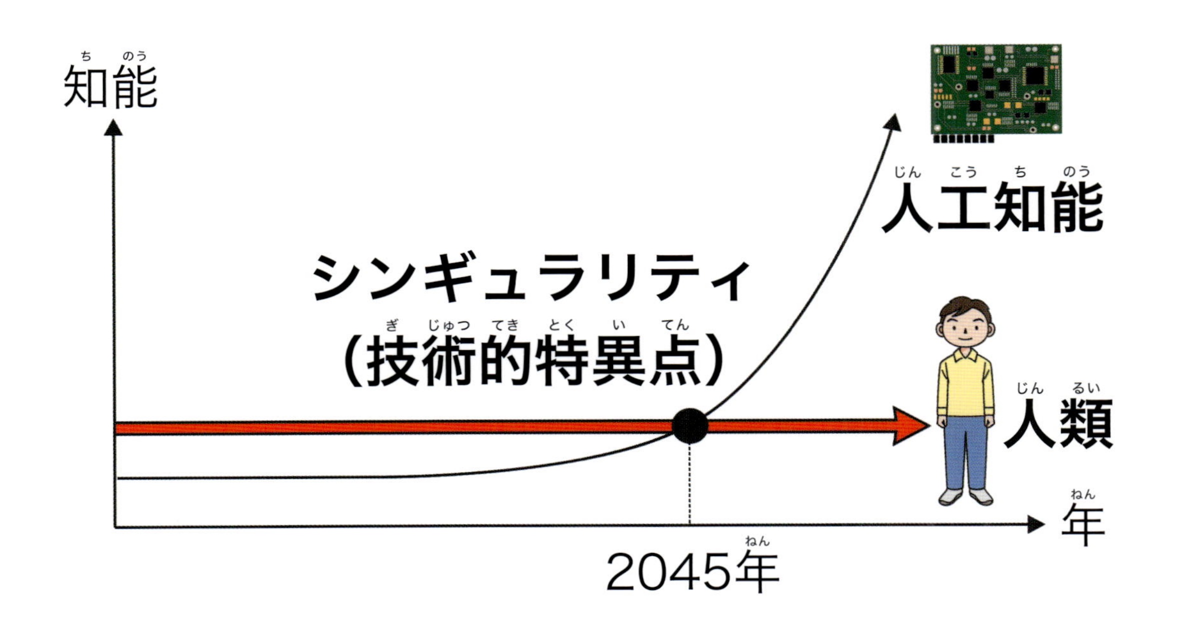

2045年に、人工知能が人間の知能をこえるという考え方もある。

人間と共存する？ 敵対する？

人工知能について考えなければならないこと

シンギュラリティ後の人工知能と人間

人間の知能をこえた人工知能は、どのようにふるまうのでしょうか。「人間よりもすぐれていると判断した人工知能が、人間の仕事を取ってしまったり、人間を支配したりするのでは？」と心配する人もいます。

シンギュラリティ後の人工知能が、人間とどう接するかは予測できません。ですが、現在、多くの研究者は人工知能が人間を支配する世界にはならないと考えています。

人工知能のデータをもとに計算したり予測したりする能力は、人間を上回っています。しかし、人間のように、考えたり判断したりする「意思」を人工知能にもたせることは、計算したり予測したりするよりも、はるかにむずかしいことです。そのため、意思のない人工知能が、人間に敵意をもつことは考えにくいといえます。

こわいのは人工知能をあつかう人間!?

人工知能が人間と敵対するか、支配するかということより、もっと心配されていることがあります。それは、人間が人工知能をどのようにあつかうかということです。

命令を聞いて実行するだけの低レベルの人工知能を、一部の人が戦争で兵器として使うかもしれません。もしくは、お金もうけのために、人工知能を一部の人たちが独占して使うかもしれません。

1986年、日本の大学の研究者や会社の技術者などが集まって、人工知能学会を設立しました。

人工知能学会では、日本における人工知能の研究と産業の発展を助けることを目的としています。人工知能を研究する人々が成果を発表したり、情報を交換したり、また、人工知能がまちがった使われ方をされないか、あつかい方のルールについて話し合っています。

キーワード　人工知能学会

人工知能に関する研究の進展と知識の普及、また、人工知能を通じての学術・技術や産業・社会の発展を目的につくられた日本の団体。

研究者や会社の技術者などが、人工知能について話し合っている。

人工知能の使われ方を理解する

今後、どんどん利用される人工知能について知っておく必要がある。

人工知能はこれから本格的に使われていき、わたしたちの生活もそれによって大きく変わっていくことでしょう。

そのため、人工知能をつくる側の人々だけではなく、人工知能を備えたロボットなどをあつかうわたしたちも、人工知能に何ができるのか、身の回りにある人工知能が何をやっているのかをきちんと知っておく必要があります。

このキーワードに注目①

「データ」に欠かせない人工知能

データと情報のちがい

だれもがよく耳にしたり、使ったりしている言葉に「データ」や「情報」があります。このふたつは、ほとんど同じ意味の言葉と思われがちですが、明確に異なります。

データとは、ある事実を数値や文字、画像、音声などで表したものです。一方、情報とは、ある目的のために役立つデータ、またはデータをもとにしてつくられたものです。

たとえば日本の気象庁は、地上気象観測や気象衛星などによってさまざまな気象データを得ています。そして、これらのデータをもとにして、今日のある地域ではこれくらいの確率で雨が降るといった情報を、天気予報という形で公表しているのです。

人工知能をビッグデータで活用する

インターネットをはじめとした通信技術の発達によって、数値や文字、画像などの膨大なデータ（ビッグデータ）を手に入れやすくなると、ビッグデータを役立つ情報に変えて、ビジネスに活かそうとする企業がたくさん出てきました。

このとき、使われるのが人工知能です。ビッグデータをもとに学習した人工知能は、人に代わって、膨大なデータの中から、人が必要とする情報を取り出すのです。

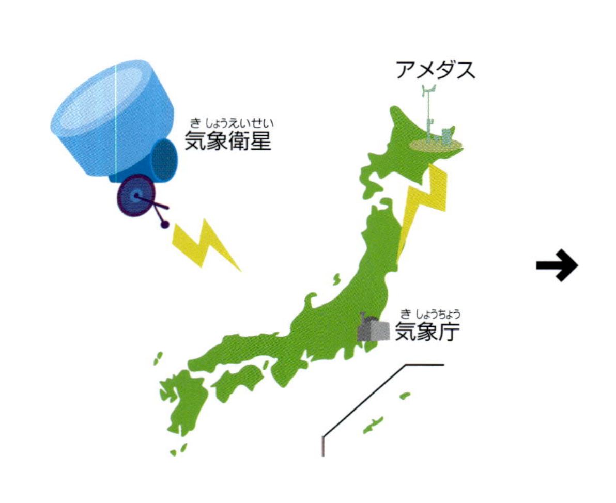

複数の気象観測システムからのデータは気象庁に集められ、天気図という情報に変えられる。

パート
2

こうして発展！人工知能の歴史

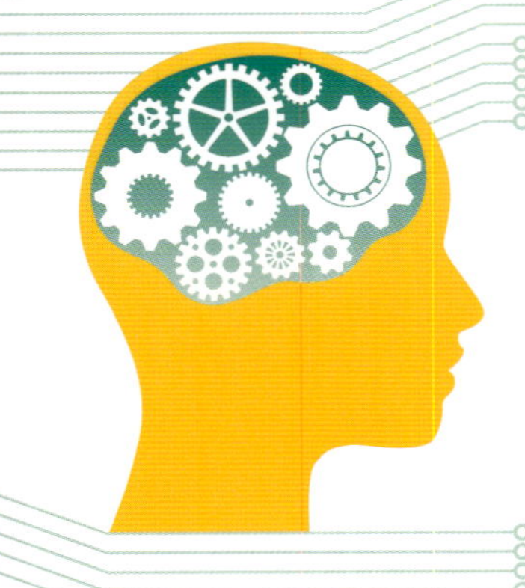

1956年の誕生から60年が経った

図でわかる人工知能の発展

機械学習・ニューラルネットワーク

ブームごとの研究

人工知能という考えが生まれてから60年が過ぎました。60年の間に、人工知能が盛んに研究された２回の期間（ブーム）があり、現在は３回目のブームのただ中です。

ここでは、それぞれのブームにおいて、どのように人工知能が研究されたかを見てみましょう。

エキスパートシステム

MYCN（医療診断）

対話システムの研究

探索

迷路・パズルなど

プランニング

1956年　1970年　1980年

第1次人工知能ブーム（推論・探索）

第2次人工知能ブーム（知識表現）

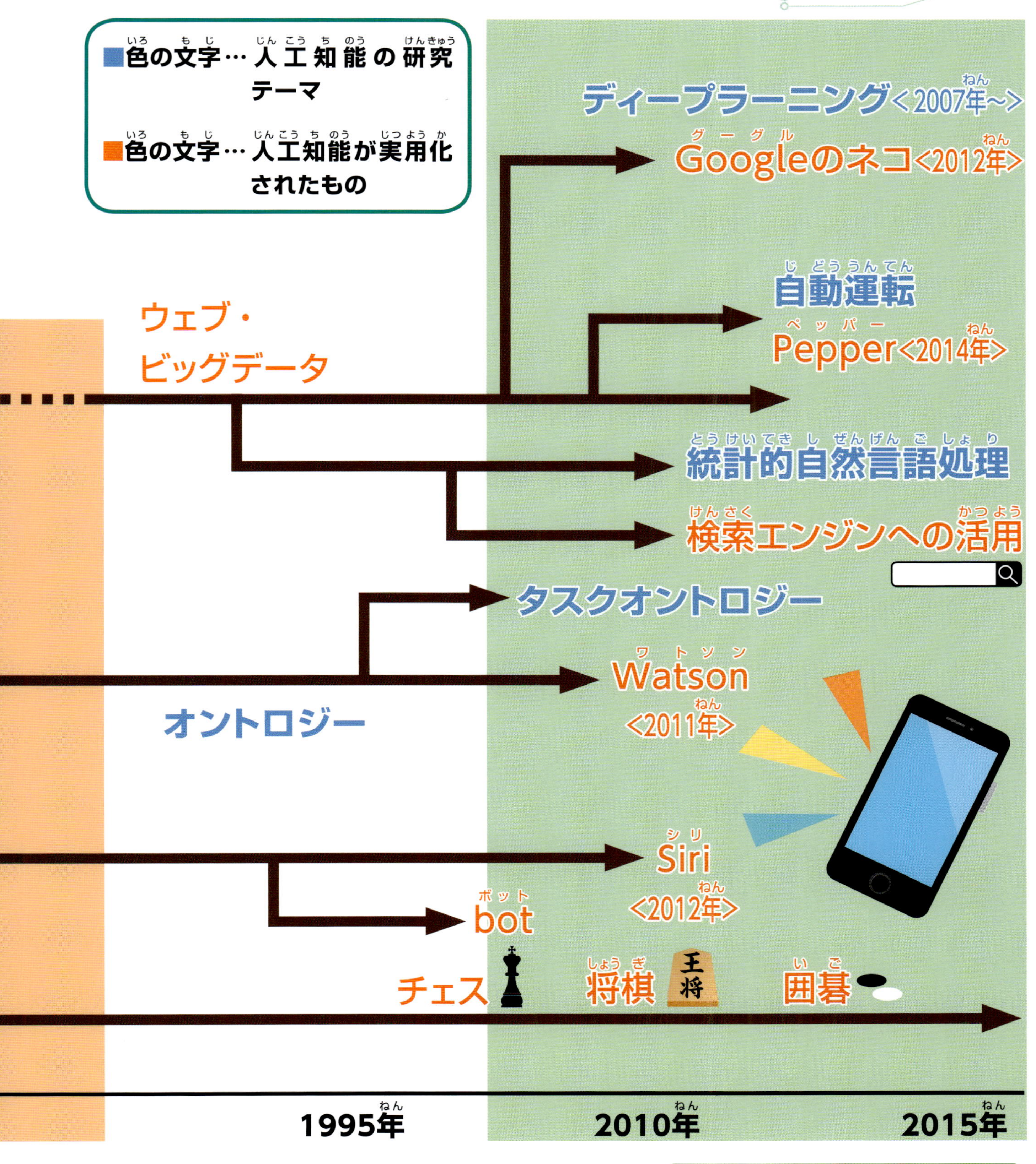

第3次人工知能ブーム
（機械学習・特徴表現学習）

どのようにして人工知能は誕生したのか

生みの親は4人の研究者

アメリカの研究者が会議を開く

1956年、アメリカ東部にあるニューハンプシャー州のダートマス大学で、計算機についての研究をしていたジョン・マッカーシー助教授は、アメリカで同じような研究をしていた数人の科学者と国際会議を開くことにしました。

世界中の研究者を集めてコンピュータ（計算機）の考える力について、話し合おうとしたのです。その会議を呼びかけた文書の中で、世界で初めて「人工知能」（Artificial Intelligence）」という言葉が使われました。

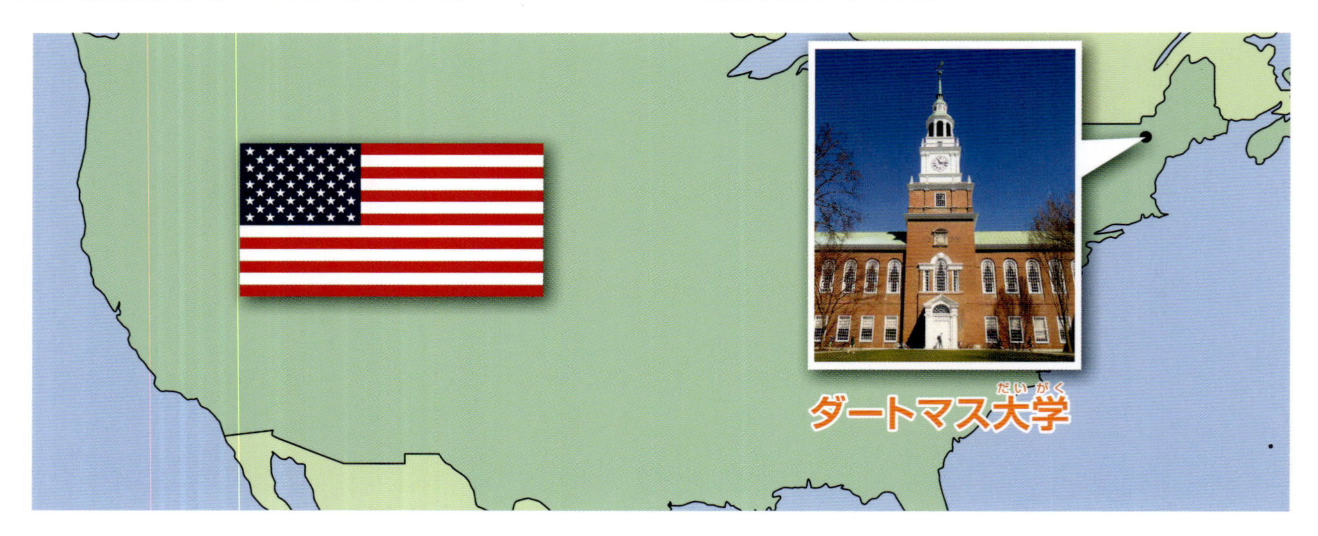

人工知能という考えを初めて発表した数学者

「人工知能」という言葉は1956年に生まれましたが、それより前の1947年には、イギリス人の数学者アラン・チューリングが、人工知能とはどういったものなのかを考えて発表しています。

チューリングは「コンピュータの父」と呼ばれる人物で、その名がつけられたチューリング賞は、コンピュータ界のノーベル賞といわれています。

コンピュータの分野で大きな功績を残した人におくられる賞。人工知能の有名な研究者の中には、この賞を受賞している人物が多い。

功績をたたえられる4賢人

ダートマス会議は1カ月間行われ、世界から集まった10人の計算機学・数学・情報学などの専門家が、意見を言ったり、おたがいの情報を交換したりしました。

そのため、この会議こそ「人工知能の研究が生まれた瞬間だ！」と考える人が多く、会議の参加者のうち、下の4人は「ダートマスの4賢人」などと呼ばれ、功績をたたえられています。

●ジョン・マッカーシー

（1927～2011年）

人工知能のために、数学や理論学で知識を表そうとしました。コンピュータを動かすためのプログラム言語や、人工知能ソフト向けのプログラム言語の開発に深くかかわりました。

●マービン・ミンスキー

（1927～2016年）

ダートマス会議ののち、人工知能最先端の研究をしている「人工知能研究所」のもとになる研究所を設立しました。「人工知能の父」とも呼ばれています。

●ハーバート・サイモン

（1916～2001年）

1956年当時は、コンピュータ科学と心理学を専門とする大学教授として、会社などの大きな組織での意思決定に関係する研究をしていました。1978年にノーベル経済学賞を受賞しています。

●アレン・ニューウェル

（1927～1992年）

ダートマス会議で、ハーバート・サイモンなどともに「ロジック・セオリスト」というコンピュータプログラムを発表しました。これは、「世界初の人工知能のプログラム」といわれています。

第1次人工知能ブーム

人工知能の可能性を探るコンピュータを使った研究

社会でコンピュータが使われ始める

ダートマス会議が開かれた1956年は、新しいタイプの電子計算機ができたり、大きな会社が仕事でコンピュータを使ったりするようになった時期でした。

それまで頭の中や、紙に書いて計算していたのに比べて、何万倍も速く計算できるコンピュータを多くの人が使うようになったのです。

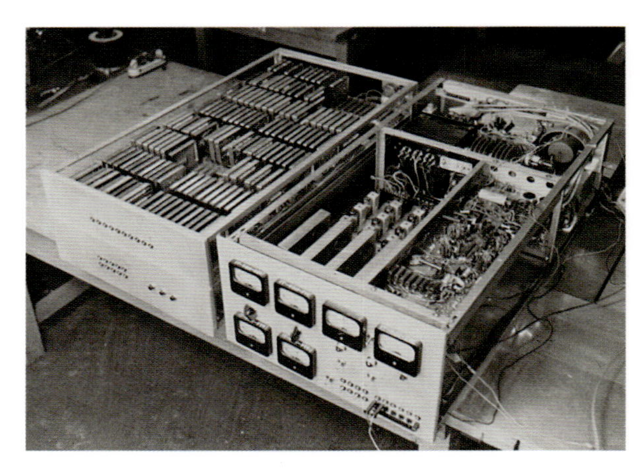

1956年に、日本の電気試験所(現在の国立研究開発法人産業技術総合研究所)がつくった電子計算機「ETL Mark III」。

国立研究開発法人産業技術総合研究所(産総研)提供

人間とコンピュータの計算速度

人間	コンピュータ (1950年前後)
1.6秒間で、ばらばらな3桁の数字15個を足せる。	1秒間に10万回以上の演算(計算)が行える。

人間の計算速度は、コンピュータの計算速度に、はるかにおよばない。

コンピュータを使うことで始まったブーム

同じような計算を何度もくり返せば正解にたどり着けるなら、コンピュータでも迷路やパズルを解けると考えられるようになり、「第1次人工知能ブーム」は始まります。

コンピュータによる迷路の解き方

人間が選択問題を解くとき、「AとBとCはまちがっているから、正しいのはDだ」などと、複数の選択肢から答えを見つけます。当時のコンピュータが同じ選択問題を解こうとすると、「Aはまちがっている。Bもまちがっている」などと答えを探していき、最後に残った「Dが答えだ」と答えを出します。このようなしくみを「探索（場合分け）」といいます。

この「探索」とは何かは、迷路を例にするとよくわかります。人間なら、迷路を指先でなぞったり、鉛筆などで線を書いたりすることで、どこが行き止まりで、どこがゴールかがわかります。

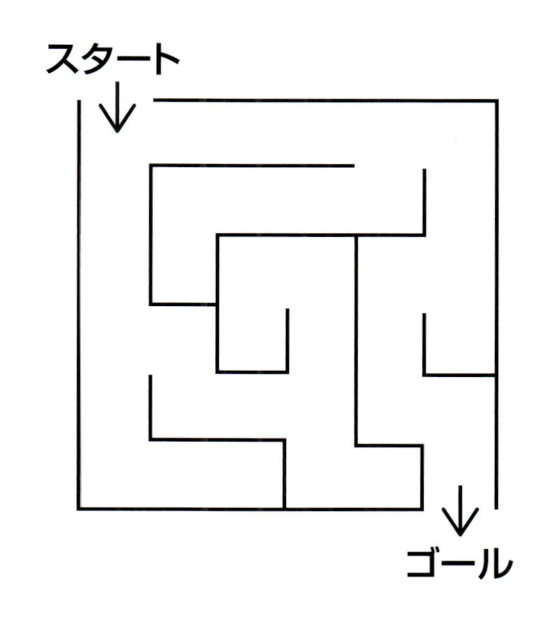

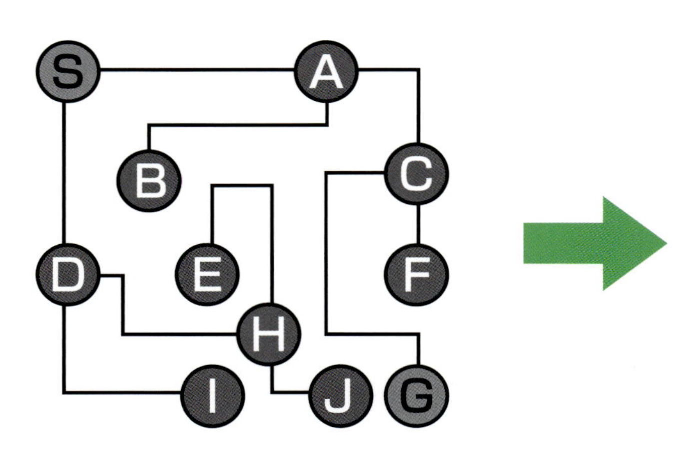

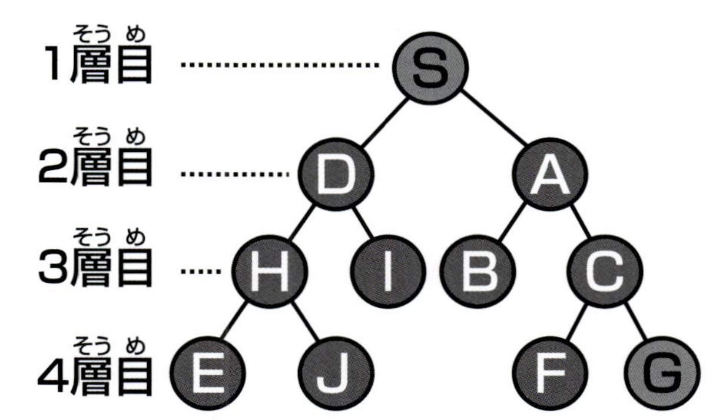

同じ迷路をコンピュータが解くときは記号を使います。分かれ道があるところと、行き止まりを、A・B・Cといった記号で表します。さらに、スタートは「S」、ゴールは「G」とします。

図を簡単にすると、「S」から、AとDに枝分かれして、さらにAから枝分かれして……と、枝分かれしながら成長する木のような形になります。そのため、この図を「探索木」と呼びます。

探索木ではどんなに枝先がたくさんに分かれても、ゴールの「G」からスタートの「S」への流れ（上の迷路では、G→C→A→S）を反対にしたもの（S→A→C→G）が正解になります。ゴールしたら、そこまでの流れを反対にすることで正解が見つけられるのです。

枝分かれの数がもっと多くても、コンピュータは計算し、いつかは正解にたどり着きます。

コンピュータによるパズルの解き方

迷路以外に、人工知能でパズルを解く研究も進められました。その中でも有名な研究が「ハノイの塔」とよばれるパズルです。ルールにもとづいて、ゲームのスタート時、「A」にある重ねられた円盤と同じ形を、円盤を移動して「C」につくるという内容です。

このパズルも探索木で解くことができます。ゴールであるCにすべての円盤が移動した状態にたどり着ければ、そこから逆にたどっていくと答えの手順がわかります。

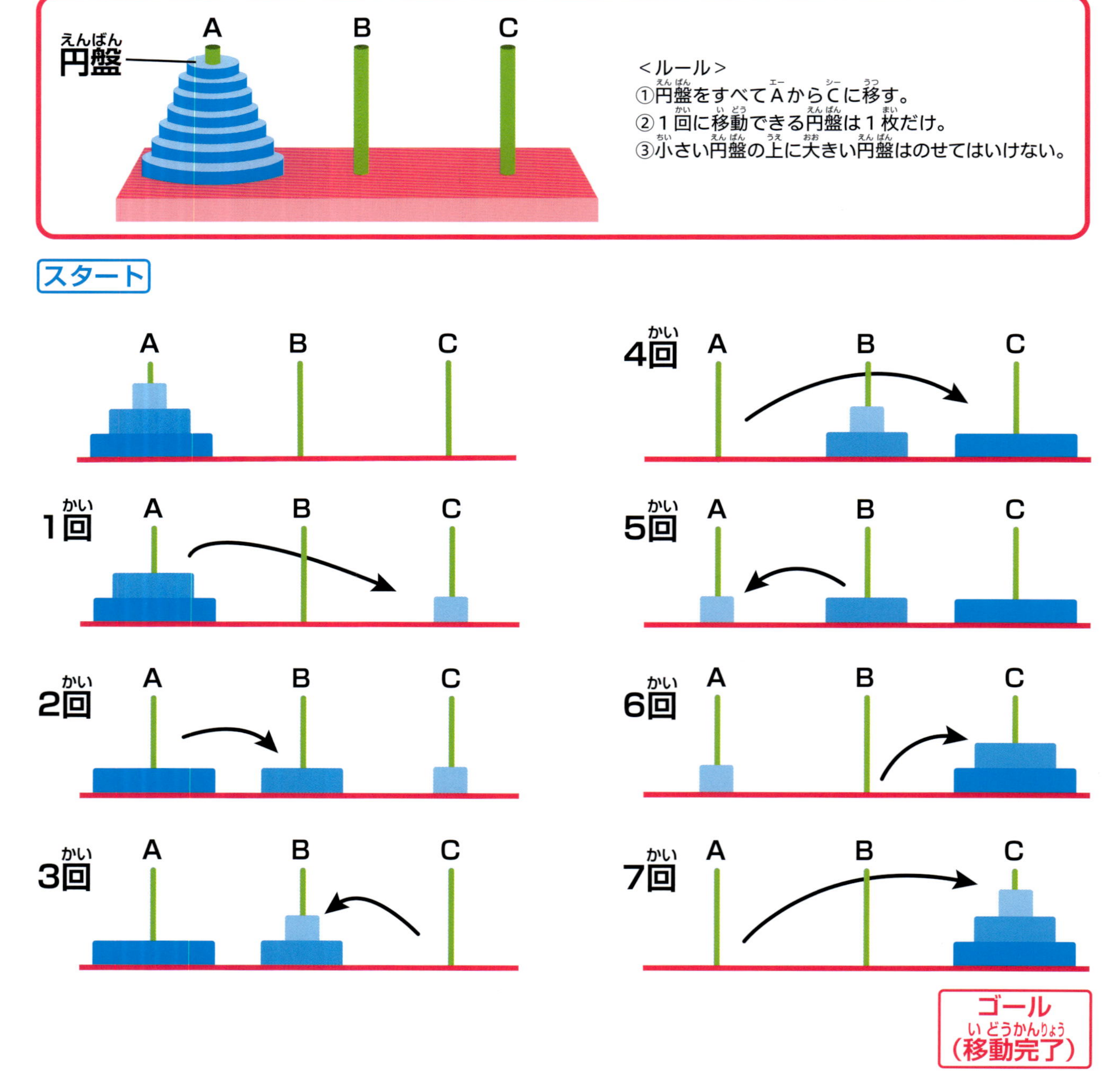

BとCを利用して円盤を移動すれば、ゴールにたどり着けるという答えが得られる。

探索木を使った対人戦ゲームへの挑戦

コンピュータが探索木をもとに解けるのは、パズルや迷路だけではないと考えられるようになります。そこで考えられたのが、チェスや将棋といったゲームでした。動かせる駒の種類や位置が決まっていて、チェスなら対戦相手のキング、将棋なら対戦相手の王将（または玉将）を取れば勝ち（探索木のゴールにあたる）ですから、探索木で勝利に向かうまでの流れ（次の一手）がわかるというわけです。

これらのゲームでは、対戦相手が一手指し、それに対応する手をコンピュータが計算するということをくり返します。ところが、探索木で計算する数はとても多くなるため、当時のコンピュータの性能では不可能でした。

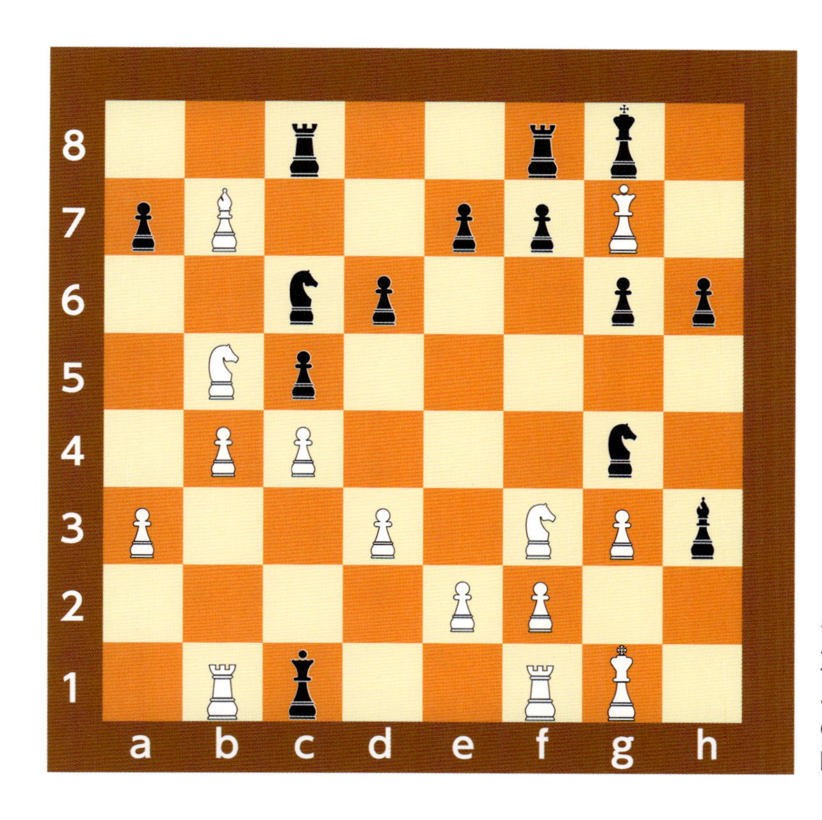

チェスは勝負が決まるまで交互に何度も駒を動かし合うゲームなので、探索木を使う当時のコンピュータの性能では人間に勝つことはできなかった。

限界がわかり終わった第1次人工知能ブーム

第１次人工知能ブームは、1960年代に終わってしまいます。

人間の考え方の基本となる「探索」を使って、人工知能が解けるのは、いろいろと条件が限られた「トイ・プロブレム」（おもちゃの問題）と呼ばれる簡単な問題だけで、現実にあるような複雑な問題は解けないことがわかってしまったためでした。

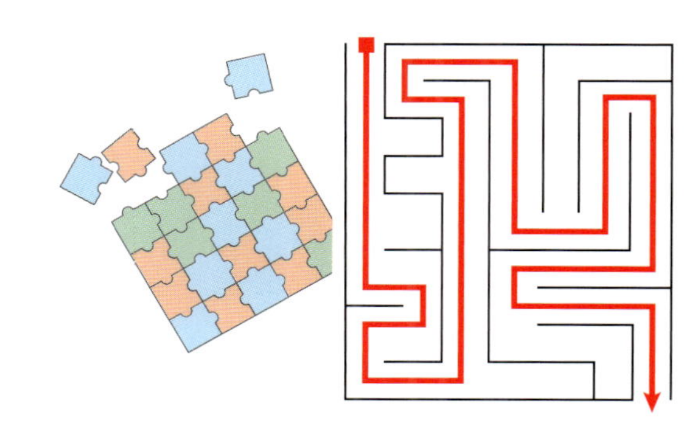

第2次人工知能ブーム

コンピュータに知識をあたえ社会で活用する試み

コンピュータにたくさん知識をもたせる

1980年代になると、人間が働く現場でコンピュータを役立てようとする「第２次人工知能ブーム」が起こります。

このとき注目されたのが「知識」です。医師や弁護士など、それぞれの専門家（エキスパート）がもつ知識を、コンピュータが取りこみ活かす「エキスパートシステム」というプログラムによって人工知能を実現しようと考えたのです。

1970年代には、アメリカの大学でMYCNという病気を診断するエキスパートシステムが開発されていました。

患者が質問に順番に答えた結果から、MYCNは病気を特定し、その病気に効く薬を69％の確率で当てています。

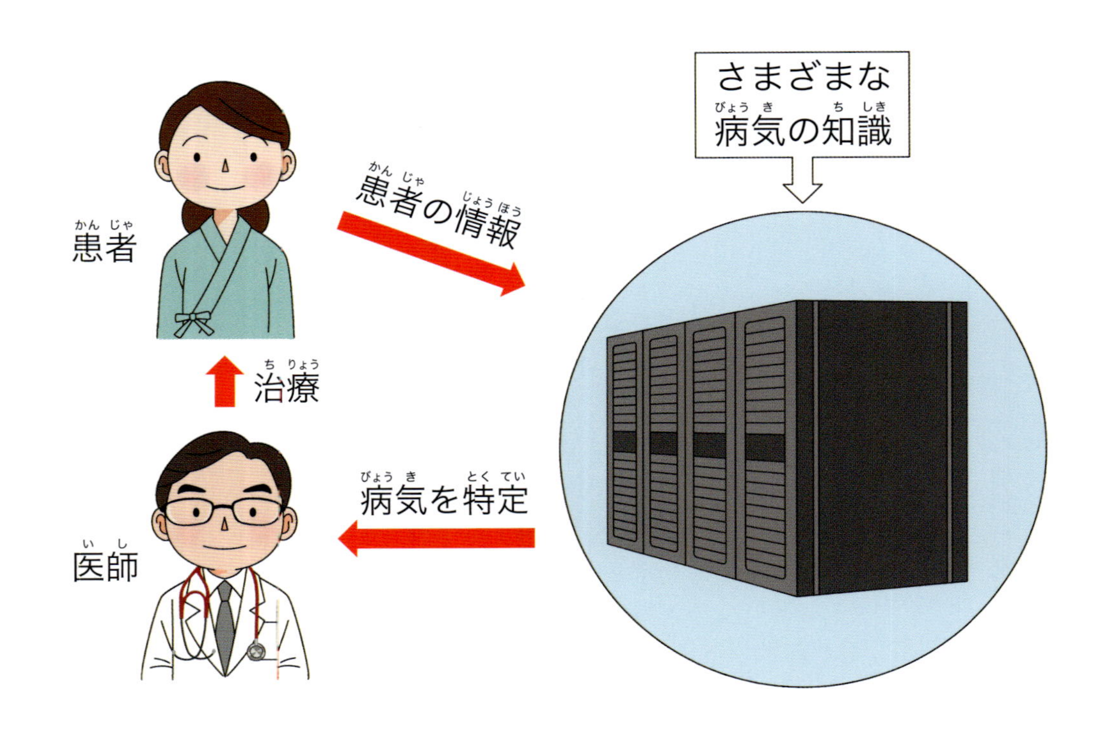

さまざまな病気の知識をもった人工知能に、患者の症状などの情報を入れると、人工知能が診断し、病名がわかる。

さまざまな分野に広まったエキスパートシステム

アメリカでは医学の分野だけでなく、生産や会計、金融といった分野でもエキスパートシステムが使われるようになります。1980年代にはアメリカの大企業の3分の2がエキスパートシステムに代表される人工知能を、何らかの形で仕事に活かしていました。

エキスパートシステムがかかえる課題

しかし、専門家の知識をコンピュータに覚えさせるのは、とてもたいへんな作業でした。まず、専門家からたくさんの知識を取り出さないといけません。さらに、その取り出した知識を整理したうえで、コンピュータに学習させる必要がありました。そうでなければ、コンピュータは人間の専門家のような判断はくだせません。

たとえば、コンピュータが患者を診断しようとします。患者が「お腹が痛い」と言っても、「お腹」は体のどの部分なのか、「痛い」というのはどのような感覚なのかをあいまいなデータのまま学習してもコンピュータは診断をくだせません。人間ならだれでも知っている知識であっても、コンピュータは理解できないのです。

そこで、人間の知識を適切にコンピュータへ伝えるための「オントロジー」という研究が始まりました。

キーワード　オントロジー

常識とされる物事の意味や関係を、文字や記号で表す学問。

●人工知能の課題①

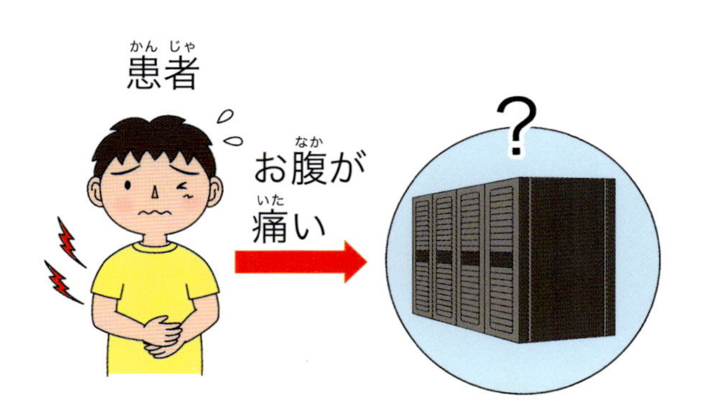

あいまいなデータでは、専門的知識をもつコンピュータでも答えが出せない。より正確なデータをコンピュータに入れるか、あいまいなデータも理解できるようにする必要がある。

●人工知能の課題②

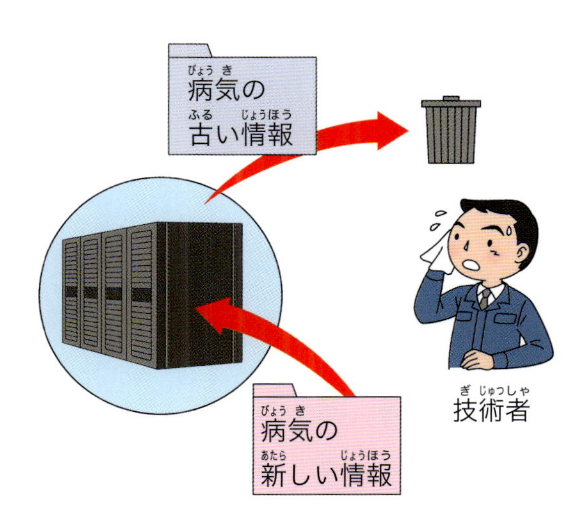

必要なくなったデータを捨てたり、新たに必要になったデータをコンピュータに入れたりと、人間が維持と管理をしなくてはならない。データが多ければ多いほど、たいへんになる。

第3次人工知能ブームのきっかけ

データと機械学習で問題の解決にいどむ

ウェブの登場で進んだ人工知能の研究

第２次人工知能ブームは終わりましたが、知識を使った研究はその後も続けられました。

そんななか、コンピュータの性能は急速に向上し、インターネットが普及し始めます。そして1990年、ウェブが登場します。

ウェブから大量にデータを入手できるようになると、この大量のデータを使うことで、人工知能自身が学習するしくみに関する研究が進みます。

キーワード　ウェブ

複数の文書をたがいに関連づける「ハイパーテキスト」というしくみを使って運用されるシステムのこと。わたしたちがインターネットと思っているもの。「Web」とも書く。

学習の基本である「分ける」の活用

生き物の学習の基本は「分ける」ことです。食卓を例に考えると、あるものを見たとき、わたしたちはそれが食べられるか、食べられないかを分けて考えています。つまり、「イエス(はい)」か「ノー（いいえ)」かを、判断しているのです。

この人間の学習をもとにした、コンピュータが大量のデータを処理するときに「分け方」を習得するしくみを「機械学習」といいます。その習得した「分け方」をもとに、コンピュータは別のデータを分けられるようになるのです。

食卓を例にした人間の学習法

食べられる（イエス）	食べられない（ノー）
うどん	メニュー
ラーメン	おしぼり
そば	はし
おにぎり	食器

「教師あり学習」と「教師なし学習」

機械学習には、「教師あり学習」と「教師なし学習」などがあります。

先生（教師）が初めての学習内容を生徒に教えるとき、答えもいっしょに教えることがあります。これと同じように、問題とその正解とをいっしょにしたデータをコンピュータに学習させておくのです。これを「教師あり学習」といいます。

一方、問題にあたるデータだけをあたえて、人工知能に「分け方」を考えさせる機械学習を「教師なし学習」といいます。

また、試行錯誤しながらも、目的に合った結果が得られると報酬が得られるようにし、もっと多くの報酬が得られるように導いていく学習を「強化学習」といい、これも機械学習のひとつです。

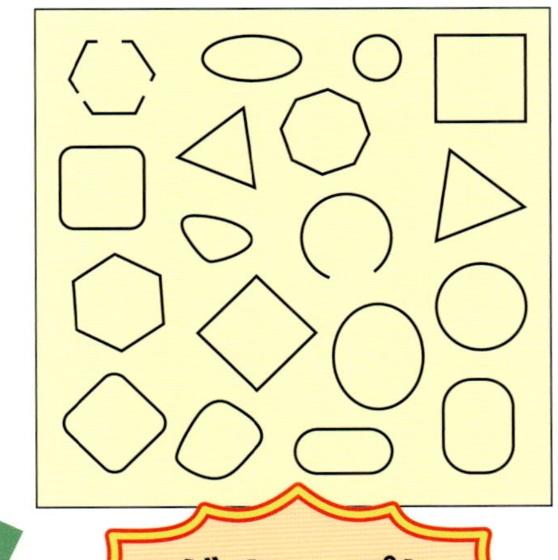

グループに分けろ

●教師あり学習の例

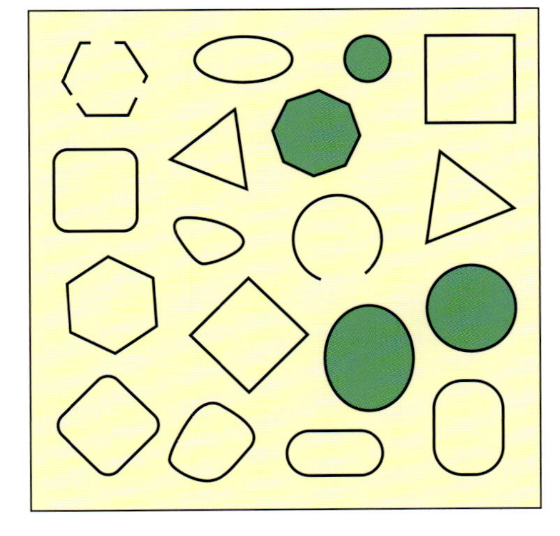

「これが丸（円）」というデータ（答え）をコンピュータに事前にあたえておきます。そのうえで、たくさんの図形を「グループに分けろ」とコンピュータに命令すると、学習している内容をもとに丸（円）とそれ以外の図形を分けます。

●教師なし学習の例

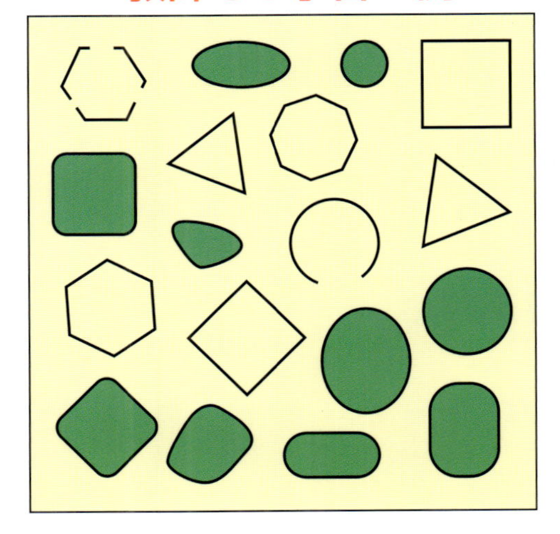

たくさんの図形を「グループに分けろ」と命令すると、コンピュータが特徴（ここでは角がない）の「ある」「なし」で図形を分けます。

まちがうことも多いですが、だれも気づかなかった新しい発見をする可能性があります。

人間にとって簡単なことでもむずかしい

コンピュータならではの苦手なことがある

コンピュータがかかえる複数の問題

1990年ごろに機械学習を取り入れるようになると、それまでのコンピュータには解けなかった問題が、解けるようになっていきました。しかし、それでもまだ、コンピュータが苦手なことがいくつかありました。

そのひとつが、自然言語の処理です。わたしたちがいつも使っている言語は、単語の意味を知っているだけでは正しく理解できません。前後の文との関係や、その言語が使われている社会や文化の背景もきちんと知っておく必要があります。

問題はそれだけではありません。ここでは、ふたつの大きな問題について見ていきましょう。

キーワード **自然言語**

人間が使っている、社会から自然にできてきた、音声による会話や、文字で書く言語。コンピュータのプログラム言語などの人工言語と区別するために、こう呼んでいる。

問題① フレーム問題

「30kmはなれたところまで買い物へ行く」とします。人間なら、移動時間が短い車、なければ交通費が安い電車やバスを選ぶでしょう。このとき、「時間」や「かかるお金」という枠(フレーム)をつくって考えています。

ところが、コンピュータには、このフレームがありません。「時間」を優先すれば飛行機、「かかるお金」を優先して徒歩など、現実的ではないことまで考えてしまいます。適切な知識を取り出すことが、コンピュータにはむずかしいことだったのです。

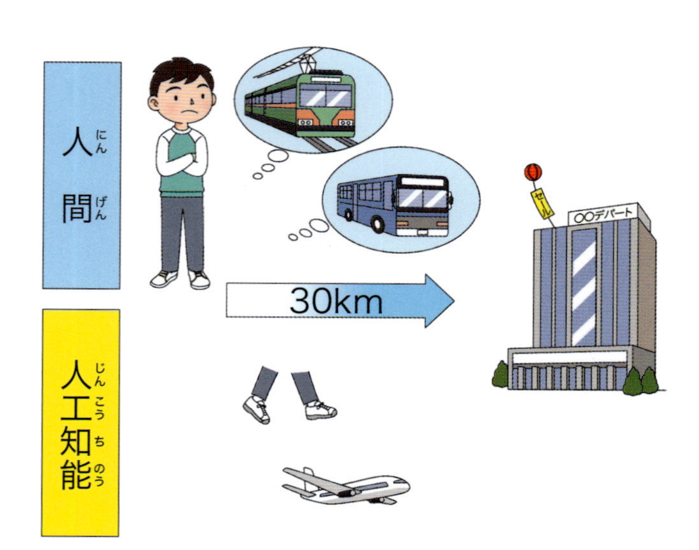

問題② シンボルグラウンディング問題

シンボル(記号)グラウンディング(結びつける)問題というのは、記号の意味が結びつかない、つまり理解できないということです。

たとえば、シマウマを見たことがない人であっても、シマシマのあるウマがいると知っていれば、本物のシマウマを見たら「これがシマウマだ！」とすぐにわかります。なぜなら人間は、ウマは動物で、シマは模様だと知っており、そのふたつを結びつけられるからです。

ところが、コンピュータにとってシマウマとは、「シマシマのあるウマ」という言葉(記号)でしかなく、本物のシマウマを見せても、それがシマウマだと理解できません。

理解させるには、ウマという動物がいること、シマは模様だということから学習させなければならず、とてもたいへんな作業なのです。

●人間の場合

●コンピュータの場合

第2次人工知能ブームの終わりとブームの再燃

知識をコンピュータにあたえるという新しい試みによって、たしかに人工知能はかしこくなり、人間が働く現場でも、ある程度は役立てられることがわかりました。

ところが、それ以上の性能のコンピュータをつくるには、たくさんのデータが必要なのはもちろん、集めたデータを管理・維持するのに多くのお金と時間がかかってしまうため、第２次人工知能ブームは終わりました。

2012年、たくさんの画像をコンピュータに分類させ、その精度を競う世界大会が開かれました。

大学や研究機関などが参加し、結果はカナダのトロント大学のジェフリー・ヒントン教授が率いるチームのコンピュータ「Super Vision」が、２位以下のチームを引きはなし、圧倒的な性能の差で勝利しました。このとき、ヒントン教授のチームがコンピュータに活用したのが、「ディープラーニング」（深層学習）という方法でした。

この大会後、ディープラーニングの研究が盛んになり、第３次人工知能ブームが始まります。

このキーワードに注目②

社会をより便利にする「IoT」

はなれたところから状態がわかる

英語の「Internet of Things」の頭文字をつなげた言葉がIoTで、日本語に訳すと「もののインターネット」という意味です。

パソコン類だけではなく、それまでインターネットにつながっていなかった、あらゆるものをインターネットにつなげ、さらにセンサーを取り付けることで、はなれた場所からものの状態を知ったり、ものを操作したりすることができるようになります。

たとえば、IoT対応の冷蔵庫なら、中にどんな食品が入っているかを、外出先のスーパーからスマートフォンで確認して、買い物ができます。

IoTでの人工知能の役割

本格的にIoTが普及すると、それぞれのものが人工知能で自動的に動くようになります。たとえば、玄関のドアとエアコンがつながっていれば、その家に住んでいる人が暑い日に家に帰って玄関ドアを開けると、エアコンが冷房のスイッチを入れて部屋を冷やし始めます。

家庭だけではなく、会社や公共の場など社会のあちこちでIoTは使われるようになっていきます。そうすると、現在以上に大量のデータが集まります。その大量のデータの分析や管理などに、人工知能が役立てられようとしています。

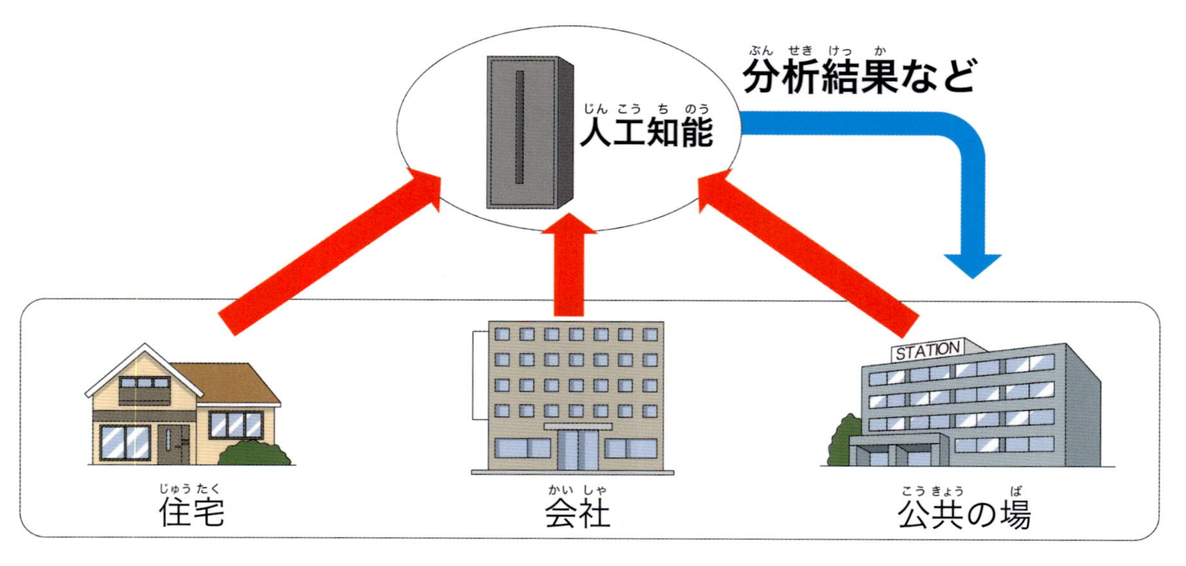

社会のあちこちから集まったデータを人工知能が解析して、そこから生まれた情報が社会に役立てられる。

パート
3

一気に成長！人工知能

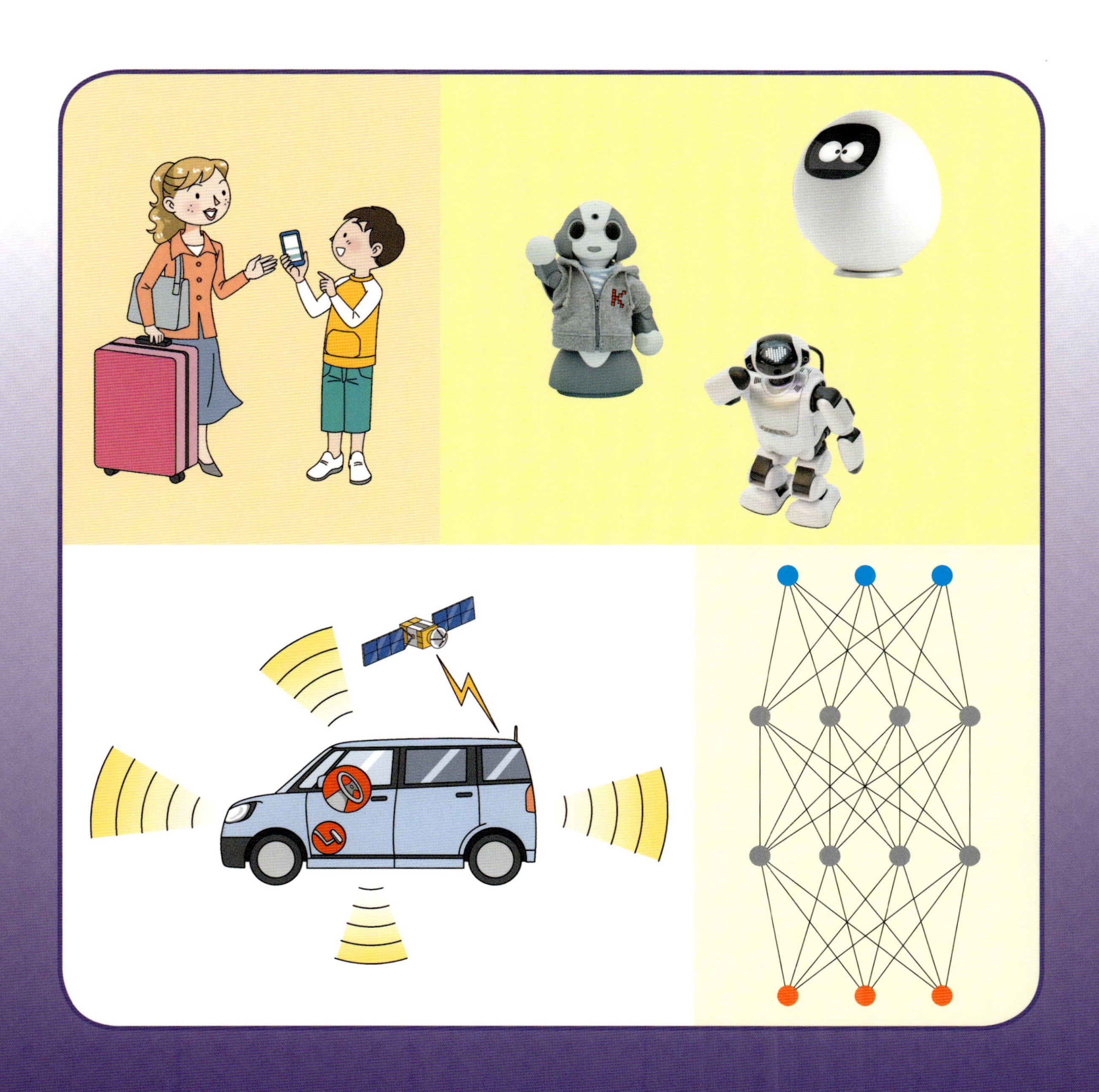

コンピュータ自身が答えを考える

ディープラーニングが登場 人工知能への新たな道をつくる

人間の脳をまねした「分ける」方法

第3次人工知能ブームを引き起こした「ディープラーニング」を紹介する前に、「分ける」ことについてもう少し知っておく必要があります。

36ページで紹介した機械学習による「分ける」方法以外にも、人間の脳をまねて「分ける」というやり方があります。

人間の脳には、「ニューロン」というたくさんの神経細胞があります。それぞれの神経細胞は別の神経細胞とつながっていて、電気刺激（電気信号）をやりとりするネットワークをつくっています。わたしたちが頭で考えているとき、脳内では神経細胞が電気信号を送り合っているのです。

キーワード　ネットワーク
コンピュータ同士などが、たがいにデータをやりとりするためのつながりや、しくみのこと。

ニューラルネットワークの構造

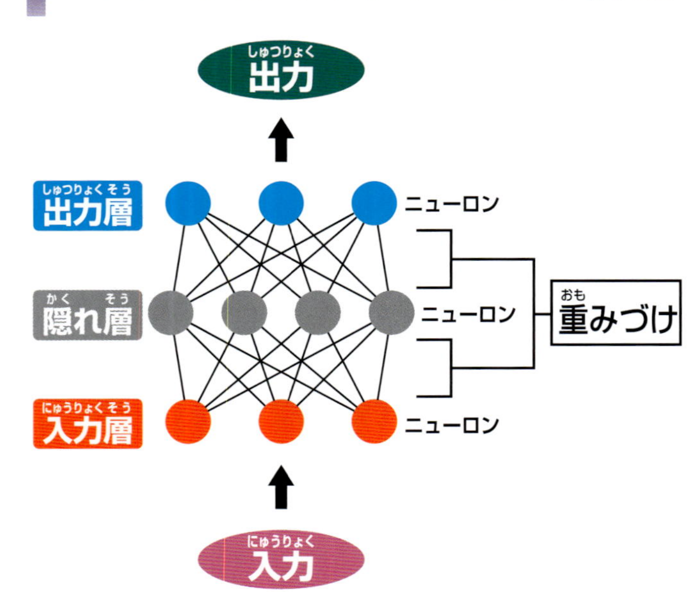

3つの層を通過することで、データが処理される。

ニューロンのネットワークをまねてコンピュータに応用したしくみを「ニューラルネットワーク」といいます。

ニューラルネットワークでは、ニューロンを「入力層」と「隠れ層」と「出力層」に分けて置き、そのあいだの部分を「重みづけ」とします。これに、データを入力すると、まず入力層に入り、隠れ層、出力層の順に送られながらデータは処理され、答えが出力されます。

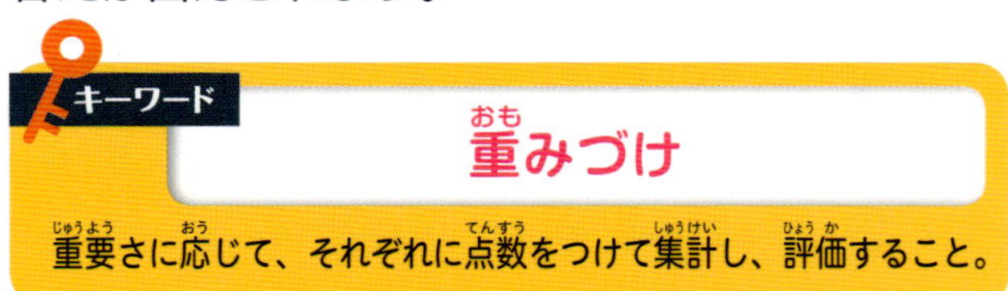

キーワード　重みづけ
重要さに応じて、それぞれに点数をつけて集計し、評価すること。

コンピュータの新学習法「ディープラーニング」

ニューラルネットワークは入力層、隠れ層、出力層の3つの層に分かれていました。このうち、入力したデータを処理し伝える隠れ層を2層以上にすれば、よりコンピュータが出す答えの精度が上がると考えられました。

こうして、隠れ層を2層以上にした「ディープニューラルネットワーク」というしくみができました。

このディープニューラルネットワークを利用したコンピュータの新しい機械学習を「ディープラーニング」といいます。ディープは日本語で「深い」、ラーニングは「学習する」という意味です。

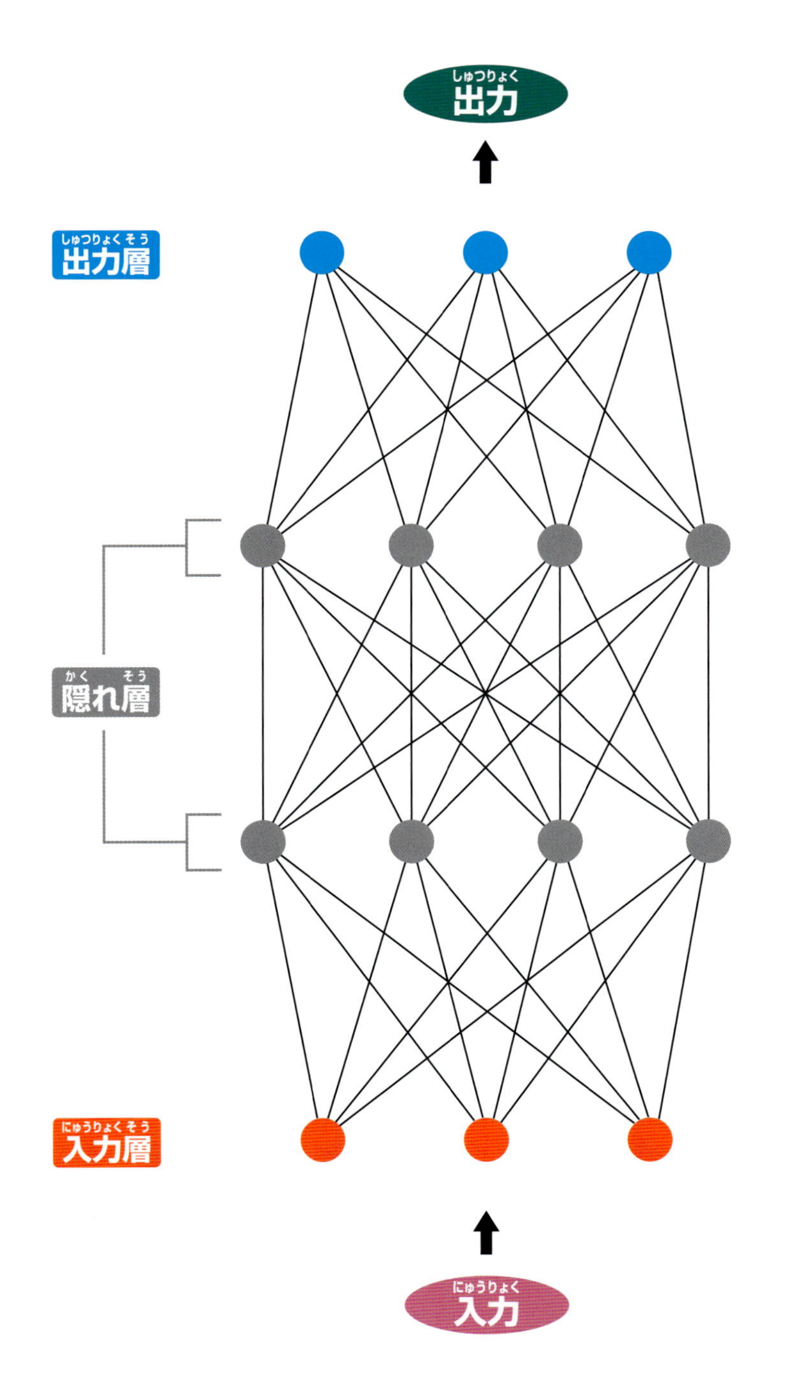

隠れ層を2層以上にし、いくつもの層ができたコンピュータの学習方法がディープラーニングです。

実際に利用されているディープラーニングの隠れ層は、100層以上にもなります。層が増えるほど、データの処理と伝達が向上し、より精度の高い答えが得られます。

データの特徴量を決めるのはたいへん

コンピュータに入力するデータには、いろいろな要素があります。たとえば身体測定のデータならば、時間(年齢)や場所(地域)といった共通点や、「年齢と身長」「身長と体重」などです。

ディープラーニングという学習方法ができる以前は、こういったデータのどこ(特徴量)に注目すればよいのかを人間が決めていました。

人間が特徴量を決めてコンピュータに学習させるのが通常の機械学習であり、また人間が特徴量を決めて一般的な知識をあたえるのが、エキスパートシステム(34ページ参照)などの知識をもとにしたしくみでした。

一方、ディープニューラルネットワークでは、正しい解答が得られるように人間が調整していた特徴量をコンピュータ自身が決めます。

コンピュータが苦手とする自然言語の理解や、フレーム問題、シンボルグラウンディング問題などがありましたが、いちばんたいへんだったのは「人間が特徴量をつくりこむ」ことだったのです。

キーワード　特徴量

「特徴選択」ともいう。データの中から意味のある(ありそうな)特徴を選び集めたもの。

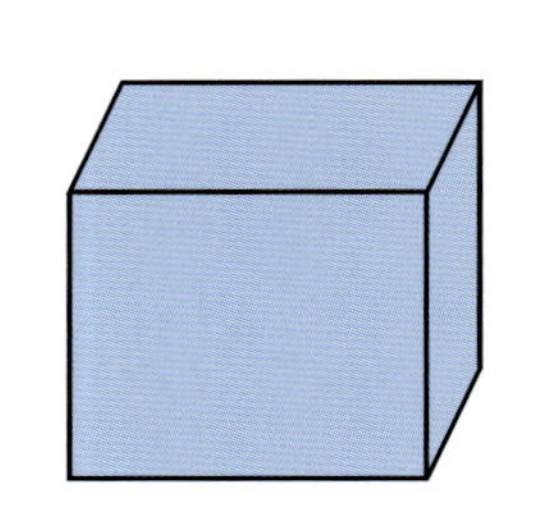

特徴量

形

大きさ

色　など

図形の場合、形や大きさ、色が特徴量になる。

コンピュータがデータから特徴量を取り出す

ディープラーニングでは、人間はデータの特徴量を決める必要がありません。大量のデータを入れて学習させたディープニューラルネットワークによって、コンピュータが特徴量を取り出し、それを使った意味のある概念を得るからです。

「Googleのネコ認識」という有名な研究があります。YouTubeの動画を大量に入力し学習させたニューラルネットワークによって、コンピュータがネコの画像を生き物のネコとして認識しました。コンピュータが画像を意味のある概念として認識するのは、画期的なことでした。

ネコと判断

出力層　顔の種類を認識

隠れ層　顔の全体像を認識

耳や目を認識

入力層

ネコの顔の画像を、隠れ層のニューラルネットワークにおいて、点や縁の認識→丸や三角の認識→丸い形(顔)の中に2個の点(目)がある形という認識といったように、順に複雑な特徴量を取り出すことで、ネコという生き物の顔であることを認識する。

ディープラーニングには複数の種類がある

ディープラーニングによる学習方法は複数あります。入力層と出力層の間の層が２層以上という点は全種類で共通していますが、その間の層がどんな層かで種類がことなります。

そこで、代表的な「ＣＮＮ」「ＲＮＮ」「全結合型」の３種類をそれぞれ紹介します。

●CNN(Convolutional Neural Networks)

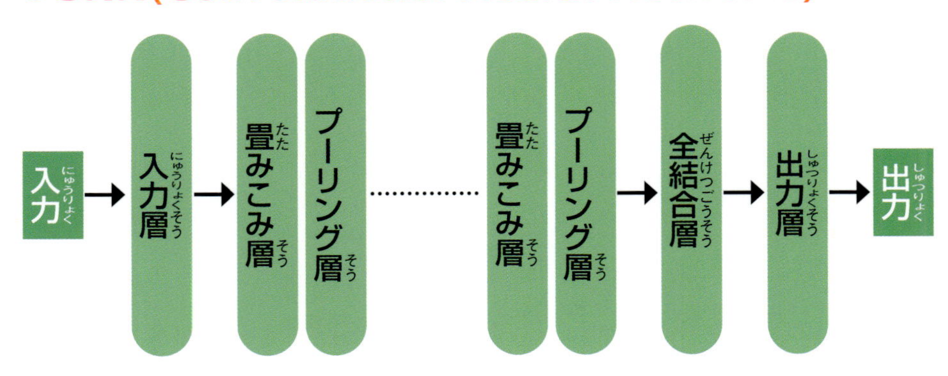

「Googleのネコ認識」のような画像認識の分野での実用化が急速に進んでいる。入力層と出力層の中間に位置する「畳みこみ層」と「プーリング層」を交互に配置することで特徴量を抽出し、全結合層で認識する。「畳みこみニューラルネットワーク」とも呼ばれる。

●RNN(Recurrent Neural Networks)

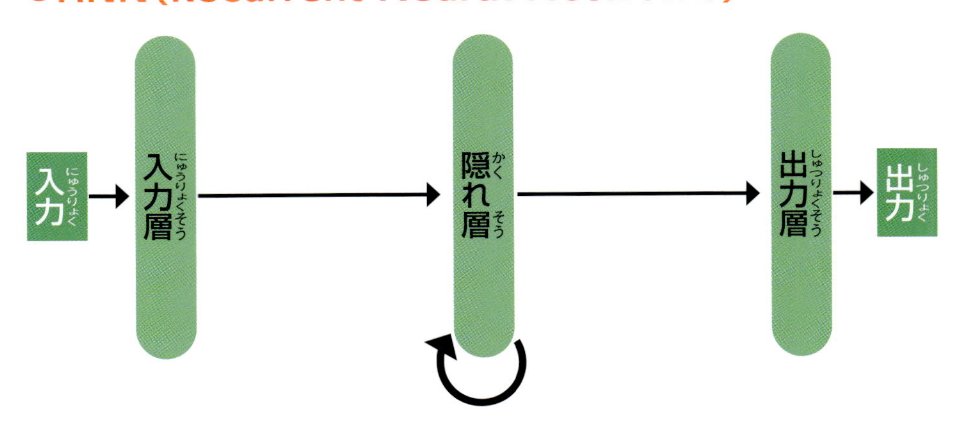

時間の経過によって変化する動画をはじめ、自然言語処理や音声認識、ロボットの行動制御での実用化が進んでおり、世界最先端の研究課題にもなっている。３層で構成されるのが一般的で、何度も隠れ層を行き来することできる。

●全結合型

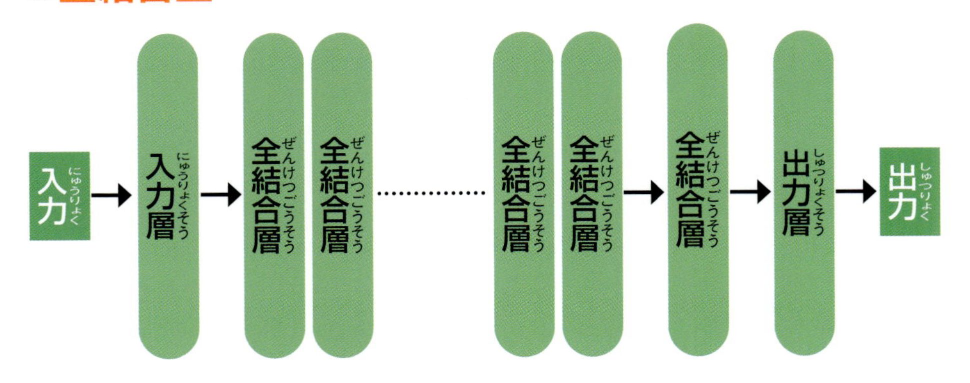

おもに音声認識での実用化が進められている。ＣＮＮと似ているように見えるが、入力層と出力層の間の層が、すべて全結合層になっている。

さらにかしこい人工知能にするために

ディープラーニングの精度を上げる

大きく3つに分類される機械学習

ディープラーニングの精度を上げるために、36～37ページで登場した機械学習について、さらに深く知っておく必要があります。

機械学習は「教師あり学習」「教師なし学習」「強化学習」の３種類に大きく分類されます。そして、ディープラーニング（深層学習）は、この機械学習の一種で、新しい学習方法です。

しかし、人間にあたえられた情報をもとにして、ビッグデータから法則やルールを見つけ出す機械学習と、ビッグデータから情報をみずから見つけ出す深層学習とでは、学習方法がことなります。

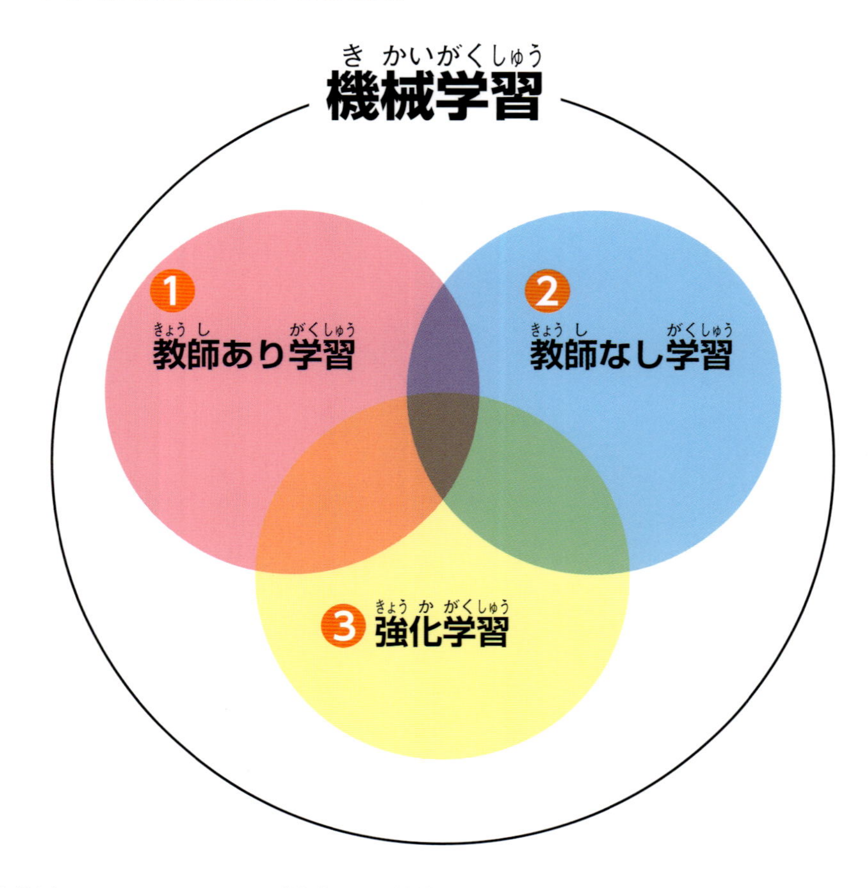

機械学習というコンピュータに学習させる方法は、３分類をふくめて、いくつもの種類がある。

❶教師あり学習

入力（問題）と出力（正解）をセットであたえる。
＜応用例＞画像認識、音声認識、翻訳など

❷教師なし学習

出力（正解）をあたえず、入力（問題）だけをあたえる。
＜応用例＞データの分類・分布など

❸強化学習

問題と答えをあたえる教師あり学習と似ているが、あたえられた回答をそのまま学習するのではなく、「環境」における「価値・報酬」を最大化するような行動を学習する。強化学習が取り入れられたAlphaGoを例にすると、囲碁のルール（環境）上、最終的に勝利する（価値・報酬の最大化）ための方法を学習する。
＜応用例＞ロボット制御、Web広告など

機械学習とディープラーニング（深層学習）のちがい

機械学習とディープラーニング（深層学習）は、それぞれの特性から、必要とされる目的や条件よって使い分けられています。

	学習する内容	成果（情報）	使い分け
機械学習	人が決める。	人が必要とする成果が手に入れられる。	比較的簡単な問題に適用される。
ディープラーニング（深層学習）	みずから決める。	思わぬ成果が得られる可能性がある。	機械学習が対応しきれない問題に適用される。

深層強化学習の登場

2015年より強化学習の研究の中で、新たに登場した学習方法が注目されています。それが、ディープラーニングと強化学習を組み合わせた「深層強化学習」です。この学習方法によって、それまで問題が複雑すぎて人間にかなわかった分野でも、人工知能が上回るようになってきています。すでに、状況ごとに素早い判断が必要とされる自動運転技術で一定の成果を出し、対戦アクションゲームでも人間が操作するキャラクターに勝つなどしています。

今後、深層強化学習が利用される場面が増えていくと考えられています。

どこまで人間に近づける？

ディープラーニングで人工知能をかしこくする

人工知能は人間の脳に追いつけない!?

人間が何かを覚えたり考えたりするときには、脳を使っています。その脳の神経細胞（ニューロン）のしくみを参考にしたコンピュータの学習法が、ディープラーニングでした。

それでは、ディープラーニングの精度を高めれば、人工知能は人間の脳に近づけるのかというと、そんなに簡単ではないのです。

人間の脳と、人工知能が使われている最新のスーパーコンピュータを比べると、人間の脳のほうがはるかに複雑で、ニューロン（神経細胞）の数やニューロンのつながり（シナプス）は、とてつもなく多いのです。

人間の脳に近づいている!?

ディープラーニングで行っていることは、おもに人間の脳の大脳新皮質が行っているのと同じことです。人間の脳内にある、小脳や大脳基底核、海馬などが総合的にはたらくことで人間は思考できます。

こうした人間の脳の総合的なモデルができれば、人工知能は人間の脳の機能に近づけると考えられています。

大脳新皮質
大脳基底核
海馬
小脳

●大脳新皮質

会話をする、計算する、分析して判断する、長期にわたって記憶するなどの機能をもつ。

●大脳基底核

運動時の体の細かな制御や調整のほか、感情、学習などにも関係している。

●海馬

体験（時間、場所、感情）を記憶したり、思い出したりするための機能をもつ。

●小脳

運動時の制御、一時的な感情の動き、五感などの感覚を統合して体験としてとらえる機能をもつ。

人間の脳のしくみをより参考にした人工知能の研究が続けられている。

コンピュータの知能を発達させる方法

人間は生きていくために、生まれてすぐ、さまざまなことを学習していきます。目でものを見たり、耳で音を聞いたり、声を出したりしながら情報伝達の方法を学び、体を動かす方法なども生後1年ぐらいまでに身に付けます。

一方、ディープラーニングの登場で、人工知能の成長は始まったばかりといってもよいでしょう。その知能を発達させるには、人間の知能と同じように、能力を順番に身に付けていく必要があります。その例が下の表です。

■ディープラーニングの発達予測

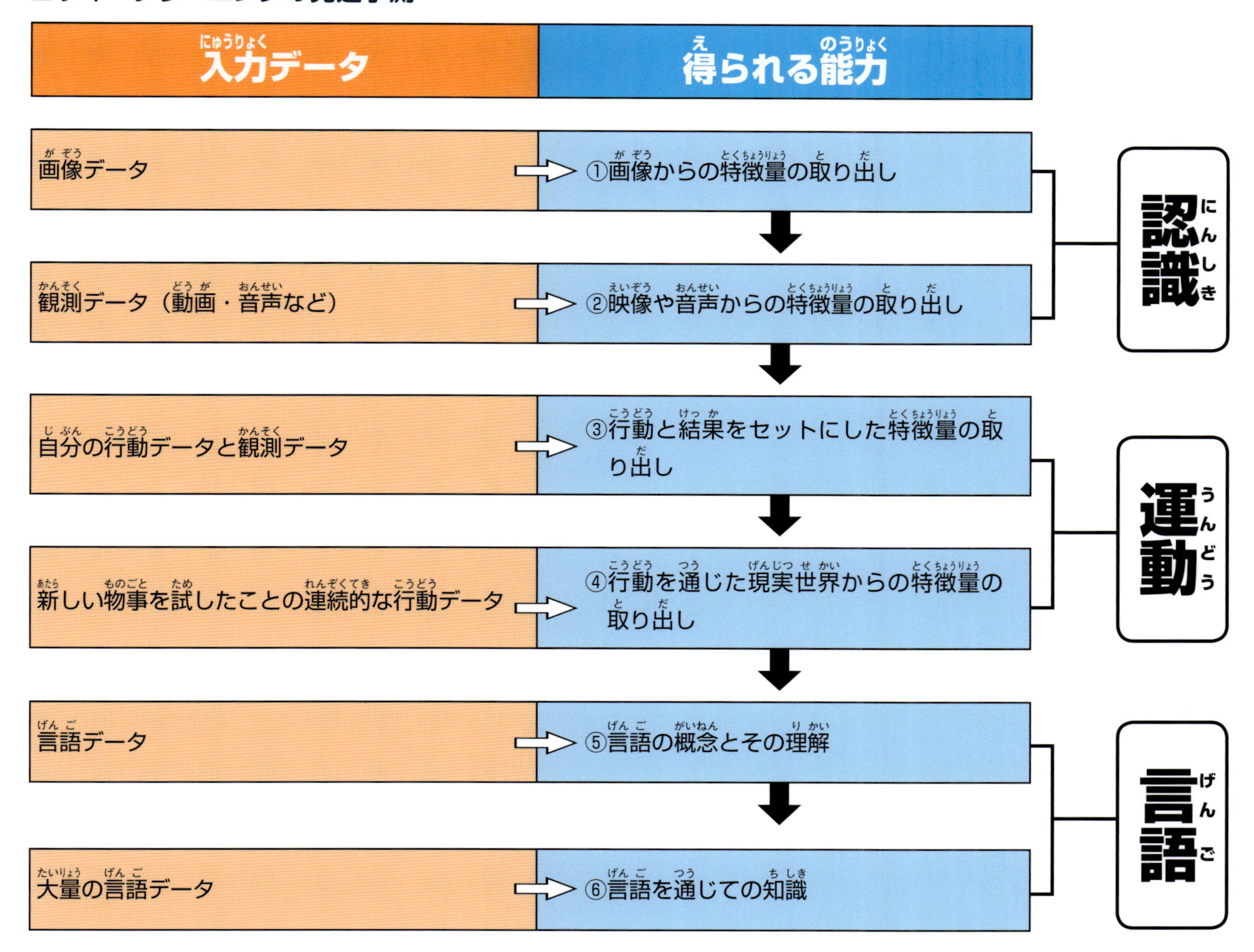

最新の人工知能は、「画像に何が写っているのか」を、だいたい見分けられるようになりました。これは人間にたとえると、生まれてすぐの赤ちゃんが目を開けてものを見始めたというところです。

これから、言葉の意味や、知識などを段階的に学習していくことで、人間のように考える人工知能に近づいていきます。その発展の予測と社会での利用例を次のページで見てみましょう。

人工知能技術の発展と社会での利用

ディープラーニングによって、人工知能は段階的に能力を高めていくと予測されています。

①〜⑥へと、ディープラーニングをもとにした人工知能の技術が発展していくにつれて、社会のどのようなことに利用され、どのように利用する場面が増えていくかを、予想図で見てみましょう。

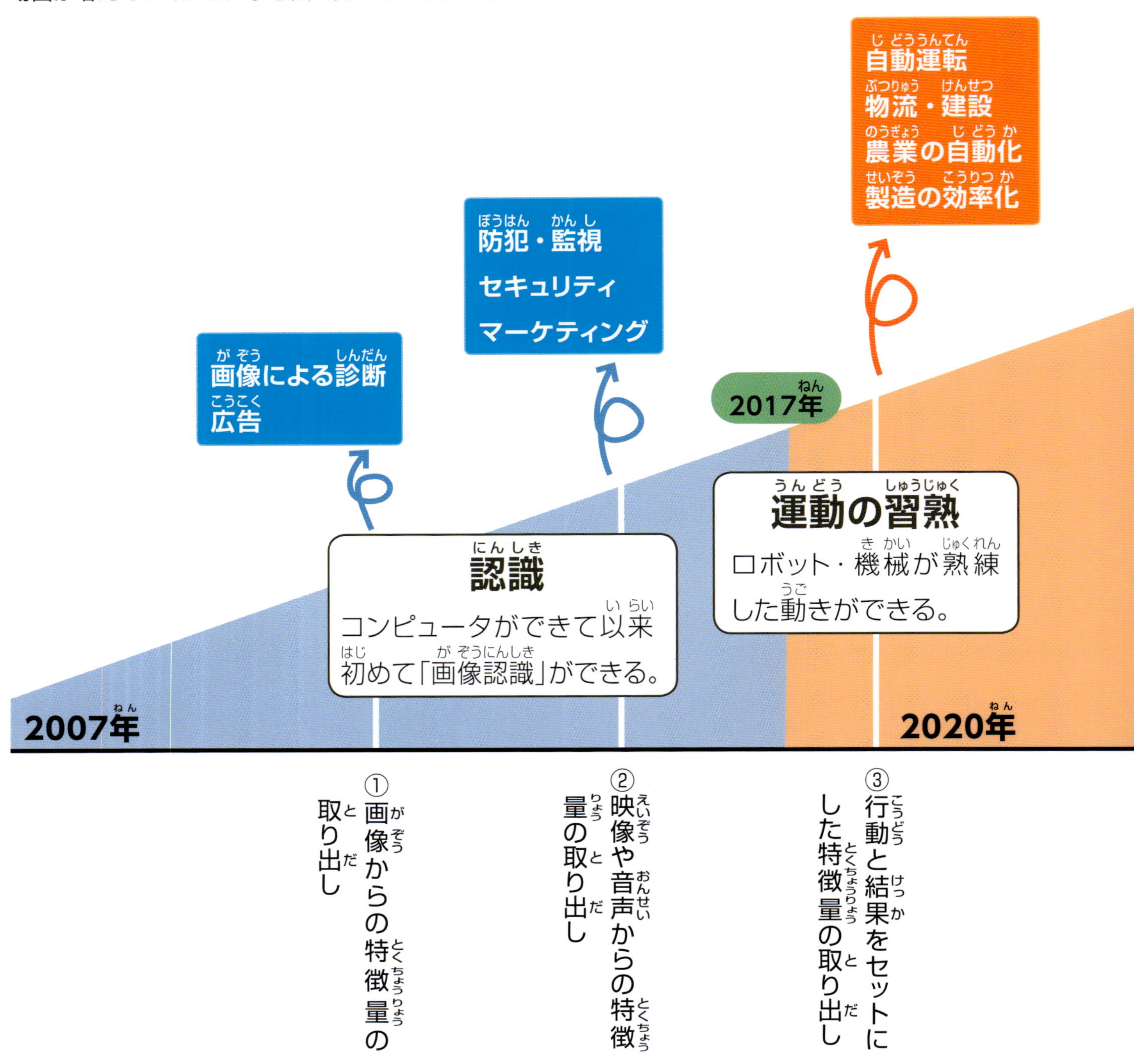

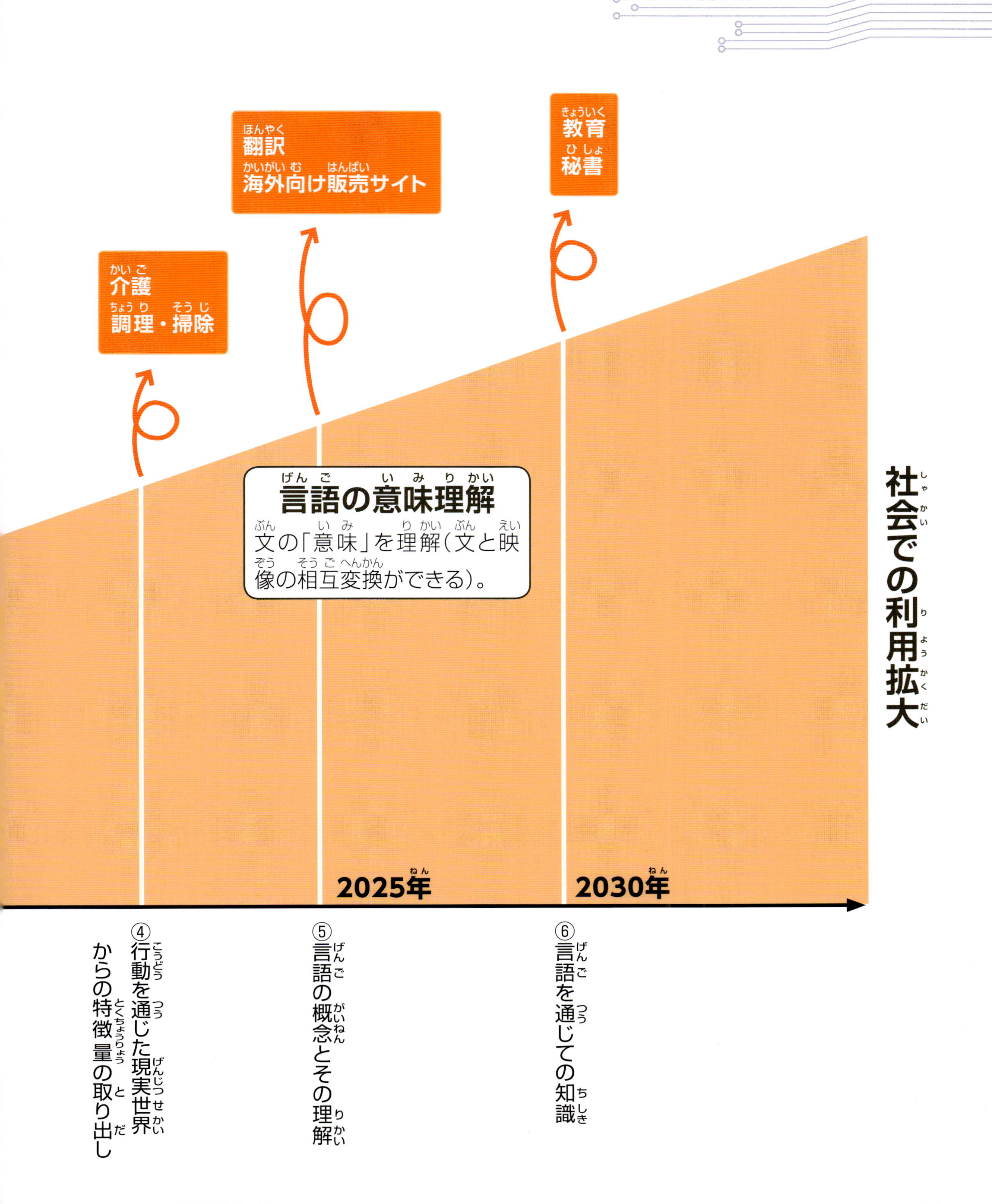
教育
秘書
翻訳
海外向け販売サイト
介護
調理・掃除
言語の意味理解
文の「意味」を理解（文と映像の相互変換ができる）。
社会での利用拡大
2025年
2030年
④行動を通じた現実世界からの特徴量の取り出し
⑤言語の概念とその理解
⑥言語を通じての知識

運転はお任せ！自動運転車

人工知能が運転状況を判断する

信号は何色か、雨で道路はすべりやすくないかなど、人間が車を運転するときに必要とする情報を、自動運転車も必要としています。

レーダーで前方を調べたり、カメラで周囲の状況を確認したり、タイヤやエンジンのセンサーなど、自動車に備えつけられた複数の機器から集めたさまざまなデータをもとに、人工知能が運転状況を判断します。そのためには、ディープラーニングによる画像認識が不可欠になります。

●自動運転車のしくみ

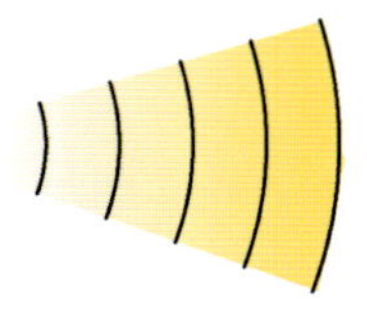

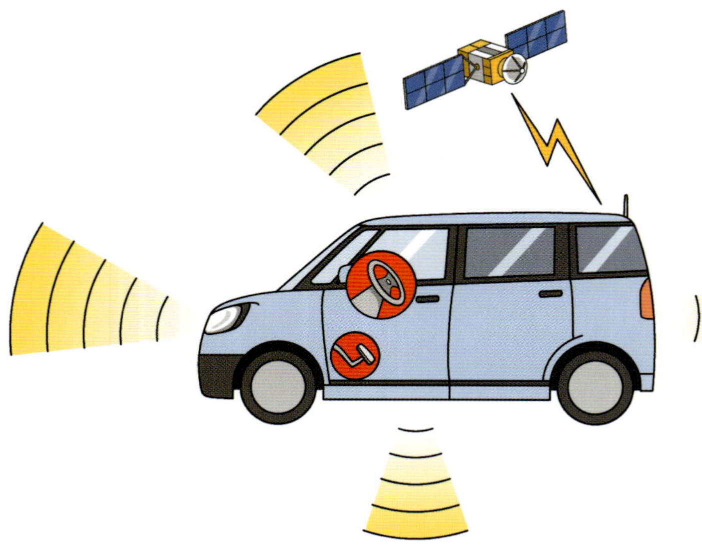

人間の目や耳の代わりであるセンサーから送られて来たデータをもとに、人工知能が車をコントロールする。

日本ではレベル2が走っている

自動運転車はその性能によって、４つのレベルに分けられています。2017年６月時点では、日本ではレベル２までの自動運転車が販売されています。

レベル３の自動運転車は、実用化に向けて一部地域の一般道を使ったテスト走行が始まったばかりです。

世界に目を向けてみると、オランダではレベル４の自動運転バスに決まったコースを走らせる試みが始まろうとしています。

自動運転車のレベルに応じた性能のちがい

自動運転車の性能は、レベルによってどれくらいちがうのでしょうか。下の図で見てみましょう。

レベル1	アクセル、ハンドル、ブレーキのどれかひとつを機械（人工知能）が行う。衝突回避の緊急自動ブレーキなどもレベル1にふくまれる。
レベル2	アクセル、ハンドル、ブレーキのうち複数の操作を機械（人工知能）が行う。高速道路などの同一車線での一定速度走行、駐車の補助などがふくまれる。
レベル3	アクセル、ハンドル、ブレーキのすべてを機械（人工知能）が行う。ただし、緊急時には人間の運転者が操作し、事故が発生した場合、その責任は企業が負う。
レベル4	完全な自動運転。アクセル、ハンドル、ブレーキのすべてを機械（人工知能）が行い、運転者は操作しない。無人・有人（搭乗者）の両方がある。

日本での自動運転車のこれから

日本経済にとって自動車の生産は、とても重要です。そのため、自動車会社は自動運転車の開発に力を入れていて、また、国も開発を後押ししています。

2016年に日本の自動車会社からレベル2の自動運転車が発売され、2017年以降にはレベル3の自動運転車が自動車会社各社から発売される予定です。

国は2020年までに、高速道路ではレベル3の自動運転車の実現を、一般道路ではレベル2の自動運転車の実現を目指しています（ただし、自家用車に限る）。

ルールとマナーの認識が必要

自動運転車の技術は確立されています。しかし、自動運転車が走行中、緊急事態に巻きこまれた場合、人工知能がどのように状況を判断し、対応するか予測できないといった課題が残っています。

そのために、人工知能が「人間を傷つけない」「ものをこわさない」といった人間社会のルールとマナーを守るようにする必要があるのではないかとも議論されています。

これらの課題を解決していけば、近い将来、よりレベルの高い自動運転車が日本の道路を走ることになるでしょう。

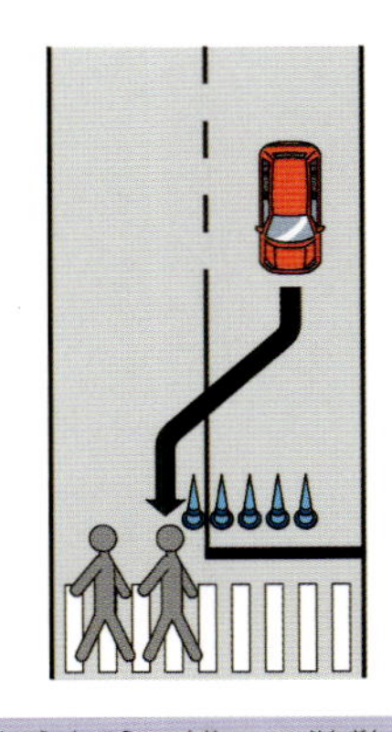
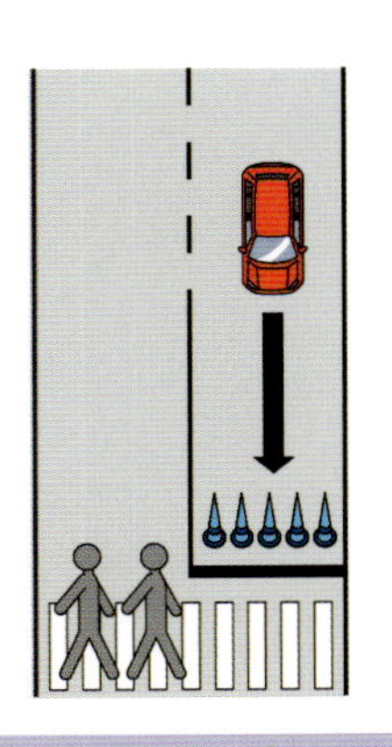

人工知能が正しく判断できない事態も起こりえる。

社会で活躍している人工知能②

家庭で、公共施設で、人と対話するロボット

人を楽しませるロボット

人工知能を備えたロボットは、一般の人向けに2000年より前から売られていました。そのほとんどは、人間の声など音に反応して動いたり、踊ったりする娯楽用でした。

●AIBO

1999年にソニーが発売した4足歩行型エンタテインメントロボット。外部からの刺激によって、喜びや怒りといった感情を動作で表現する。持ち主がほめたりしかったりしていると、それに応じた性格と行動をとるよう学習していく。

●もっとなかよし Robi jr.

(C)TOMY (C)DeAGOSTINI

「オムニボットシリーズ」は、おもちゃ会社のトミー（現在のタカラトミー）が1983年に音声認識ロボットとして発売した。2017年発売の「もっとなかよし Robi jr.」は、話す相手の方向に顔を向け、手足を動かし、会話をしてくれる。仲良くなると、ニックネームで呼んでくれる。

人とのコミュニケーションをとるロボット

おもに人間を楽しませるロボットが多かったなか、2015年、ソフトバンクから人型の感情認識ロボット「Pepper」が発売されました。

それだけでなく、会話をはじめ、さまざまな機能をもった、人工知能を活用したロボットが各社から発売されています。

一般家庭だけでなく、企業の受付や介護施設などでの活用も進んでいます。

FRONTEOコミュニケーションズ開発・販売。搭載されたカメラを通じて、はなれてくらす高齢の家族や留守番をする子どもの様子を見守ることができる。日常会話をはじめ、天気や占い、ニュースなどの情報が確認できたり、歌やダンスも楽しめる。

●Tapia

MJI開発・販売のロボット。外出先から、スマートフォンでTapiaを上下左右に動かして家の中のみまもりができる。写真撮影やビデオ通話機能があり、顔を見ながらの会話が可能。寝起きする時間など、スケジュール管理機能をもつ。

●PALRO

富士ソフト開発・販売。100人以上の顔と名前を記憶でき、さらに、人と会話する中でその人の趣味や思考を学習していく。二足歩行や歌ったり、体操したりするのが得意で、クイズなどを組み合わせ、レクリエーションの司会進行もできる。

文学作品をつくる!? プロジェクト「作家ですのよ」

人間の作品から新しい作品を生み出す

「人工知能でも人間のような創造的な仕事ができるだろうか？」――これに挑戦しているのが、公立はこだて未来大学の、きまぐれ人工知能プロジェクト「作家ですのよ」です。

小説家の星新一の代表作ともいえる短編集『きまぐれロボット』と、同じく短編集『エヌ氏の遊園地』に収録されている「殺し屋ですのよ」をもじったプロジェクト名なのは、この人工知能を使った実験が星新一と深く関係しているからです。

●公立はこだて未来大学

星新一は生涯で1000をこえる作品を書いたことで知られています。その小説のほとんどは、ショートショート（とくに短い）と呼ばれ、読みやすさとおもしろさから、多くの人に読まれています。なかには、コンピュータや人工知能が出てくる作品もあります。

星新一作品の短さと多さ、むずかしい漢字や固有名詞があまり登場しない文章が、人工知能で使うデータとして最適だったのです。

●星 新一
（1926年～1997年）

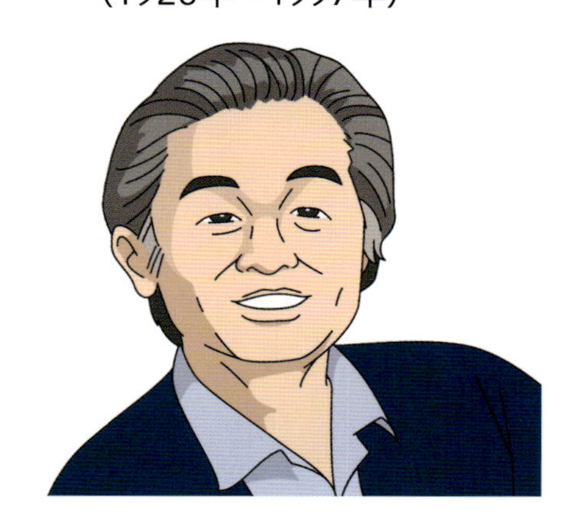

文学賞の一次審査を通った!?

「作家ですのよ」は2012年にスタートし、5年をかけて新作のショートショートを発表することを目標としています。

2015年には、一般公募の文学賞『第3回 星新一賞』に、作者が人工知能であることをかくして4作品を応募。そのうちの1作品が、応募総数2561作品の中から1次審査を通過しました。

第3回星新一賞への応募作品は、人工知能がすべてを書いたのではなく、人間と人工知能の共同制作とされています。話のアイデアや構成は人間が考え、それを人工知能が文章にしたそうです。

人間の力を借りずに、人工知能が小説を創造できるようになるのはそう遠くない話なのかもしれません。

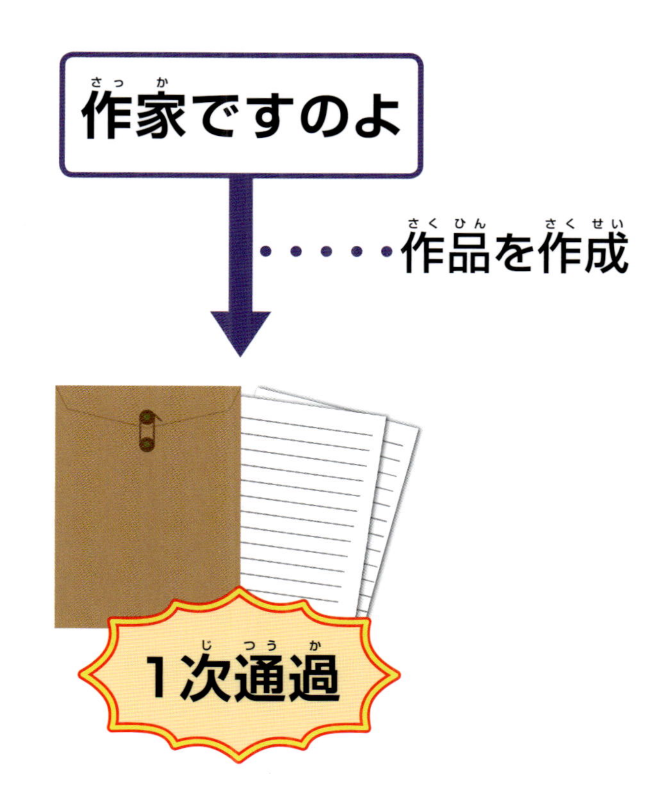

●「作家ですのよ」の作品

第三回星新一賞応募作品

私の仕事は

みかん愛

私の仕事は工場のラインに入り、決められたルーチンをこなすこと。

毎朝同じ時間に起き、同じ電車で仕事場に向かい、同じ作業をして、同じ時間に帰るだけの毎日。最近は景気も悪く、出勤しても手持ち無沙汰である。

真新しいことなど何もなく、面白いと思うことも悲しいと思うことも、最近はない。まるでロボットのようだ。いや、いっそロボットになってしまいたいと思う。

私の横に、いつもの男が立った。最近入ってきたKだ。

「よう。昨日のテレビでやっていた話、聞いたかい？」

「どんな話だ？」

「安くてかしこい新型の人型ロボットが開発されて、工場とかに導入しやすくなって、人間の仕事が減るって話さ」

人型ロボットは、まだまだコストが高く、すぐには量産されないだろうと言われていた。Kの話に、私はショックを受けた。

「作家ですのよ」の応募作品のうちのひとつ。「私の仕事は」という作品名でロボットが登場する。

名古屋大学佐藤・松崎研究室提供

社会で活躍している人工知能④

データをもとに新たな発見をするコンピュータ

コンピュータがクイズに答える!?

アメリカに拠点を置き、おもにコンピュータ製品をつくっている「IBM」は世界的に有名な企業です。コンピュータにさまざまな可能性があるとして、早くから開発に力を入れてきました。

このIBMが2009年、「Watson」を開発します。Watsonは自然言語のデータを分析し、必要な知識をたくわえ、質問に応じて、さまざまな知識を引き出すことができます。

2011年には、アメリカのテレビのクイズ番組に出場し、人間の対戦者を敗っています。このとき、本や百科事典など100万冊分のデータを取りこんで学習していました。

歴代のクイズ王者(左右)に勝利したWatson（中央)。コンピュータが人間にクイズで勝つことは、明確なルールのあるチェスや将棋で勝つことよりも、むずかしいことだった。

わずか10分で役立つ情報を提案した「Watson」

日本の東京大学医科学研究所は、2015年にWatsonを導入し、がんの研究を始めています。

まず、Watsonに2000万以上のがんに関する論文や過去の事例を学習させました。特定の患者の医療データを入力すると、その患者に合った薬と、治療に欠かせない情報をWatsonが提案してくれます。もし、医師がWatsonと同じ作業をするとなると、時間がかかりすぎます。

すでに、Watsonは結果を出しています。血液がんの一種である白血病で入院し、回復がおくれていた患者の医療データをWatsonに入力したところ、わずか10分で治療に役立つ情報を提案したのです。その情報にもとづいて治療したところ、患者は数カ月後に退院しました。

学習させれば必要とする答えを出す確率が上がるため、多数のお客さまの動向を調べて販売に活用したい企業や、過去の特定の裁判記録を必要とする弁護士など、ほかにもさまざまな業界でWatsonが業務支援に利用されています。

さらに、Watsonをそれまでにない領域に使うこともできます。さまざまな料理のデータを取得して、新たな料理を考え出しています。このように、Watsonの用途は広がっています。

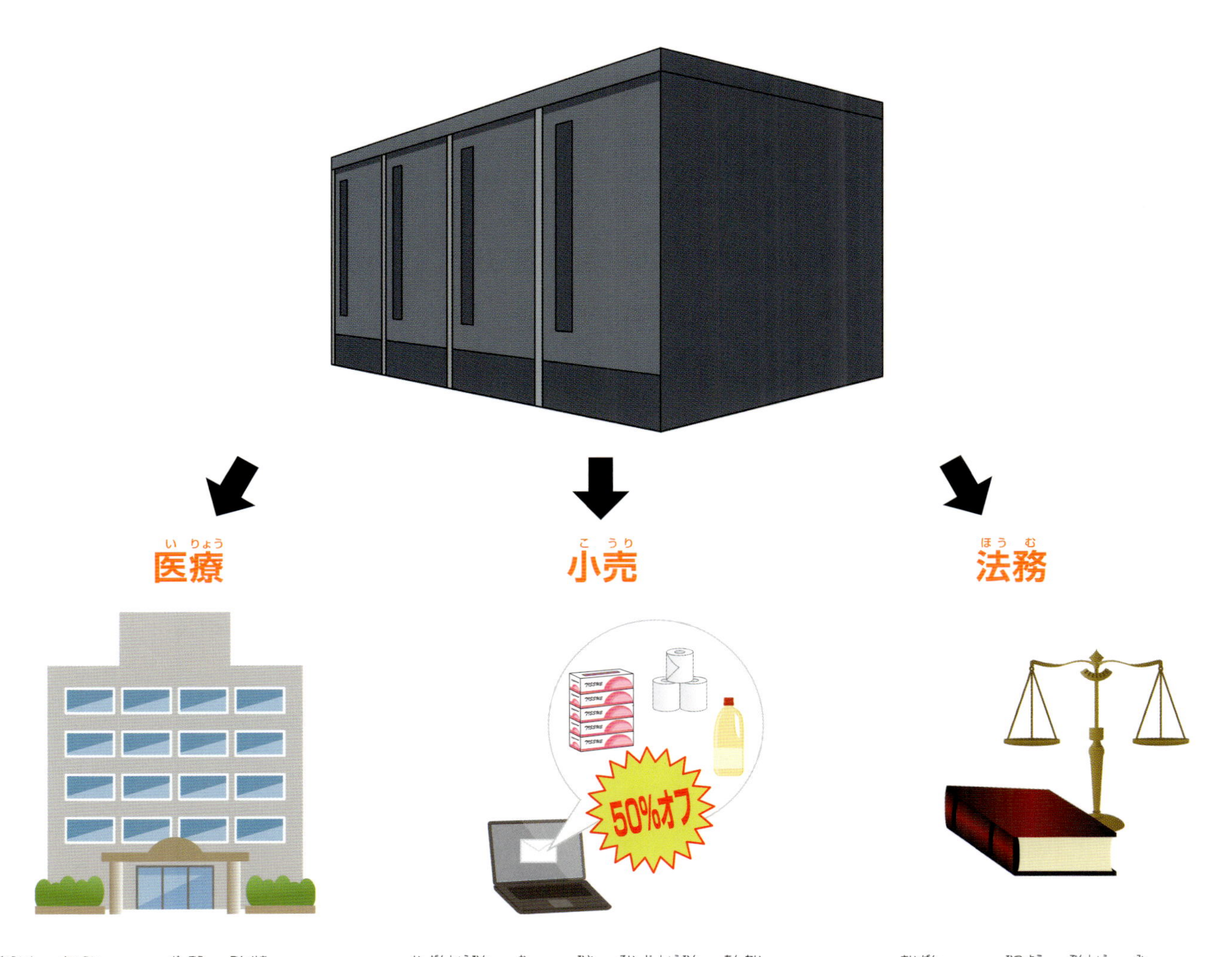

病院で撮影された画像を分析をする。

以前商品を買った人に類似商品を案内する。

裁判などで必要な文章を見つける。

社会で活躍している人工知能⑤

外国の人と交流できる自動翻訳アプリ

たくさんの国の人と会話できるようになる!?

英語は世界でもっとも話されている言語です。そのため、旅行や仕事で海外へ行くときのために、英語を習得する必要性が高まっています。

また、海外からたくさんの観光客が日本を訪れるため、英語以外の言語も話せる必要が出てきます。しかし、それらの言語ごとに話せる人を用意するのはたいへんです。

そこで国は、コンピュータによる自動翻訳の技術を役立てようとしています。

多分野での実用化を目指す

日本では、1986年ごろからコンピュータを使った音声翻訳の研究が始まりました。

現在までの研究成果は、国立研究開発法人情報通信研究機構（NICT）が、人工知能の学習機能を組みこんだ多言語音声翻訳アプリケーション（アプリ）「VoiceTra」として、無料で公開しています。VoiceTraはスマートフォンにダウンロードして使用します。インターネットを通じて、ニューラルネットワークを用いた機械翻訳を行うコンピュータに音声データが送られ、このコンピュータが翻訳した音声をスマートフォンに届けます。ニューラルネットワークを用いた翻訳は、Google翻訳でも用いられています。

日本企業での技術活用が進み、2020年には多分野で実用化されることを目指しています。

●VoiceTra使用時の画面

どのように変わっていくのか

人と人工知能がつくる未来の社会

人工知能の技術発展で生まれる問題

人工知能は発展途上でありながら、社会に大きな影響をあたえつつあります。研究が進むにつれ、高い認識能力や予測能力、行動能力、概念の獲得をする能力、言語能力など、人間が優位とされていた能力を備えた人工知能が活躍する分野は、広がっていくことでしょう。

それと同時に、人工知能のあつかいに関するさまざまな問題点がうかび上がってきました。たとえば、人工知能がきっかけで事故が発生したときはだれが責任を取るのか、心をもつ人工知能をつくってもよいのか、人工知能が一部の人に軍事利用されないかなどです。

人工知能をうまく利用した社会

社会における人工知能のあつかいに関する問題点は、まだ十分に議論されていません。しかし、少子高齢化で人口減少が深刻な問題となっている日本では、国際競争力や労働力をおぎなうために、人工知能の利用拡大はさけられません。

近い将来、人工知能がどのような役割を担っていくのかが社会全体で活発に議論されることでしょう。そして、人々の人工知能への理解が進めば、人工知能がさまざまな場面で活躍し、社会はより豊かになることでしょう。

50音順さくいん

あ 行

か 行

さ 行

た 行

な行

は行

ま行

アルファベット

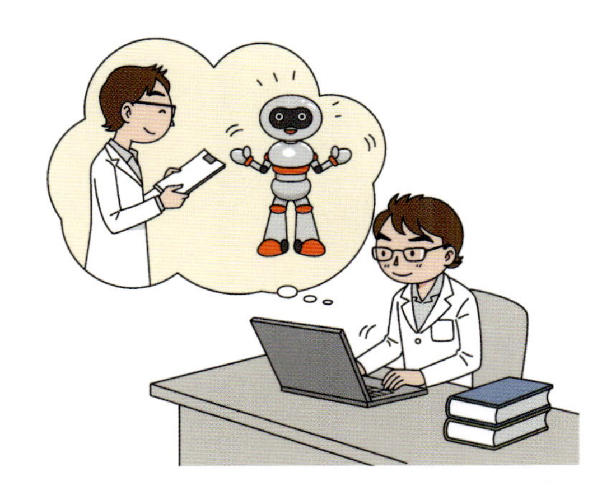

■監修者紹介　松尾　豊（まつお　ゆたか）

1997年、東京大学工学部電子情報工学科卒業。2002年、同大学院博士課程修了。博士（工学）。同年より産業技術総合研究所研究員。2005年よりスタンフォード大学客員研究員。2007年より東京大学大学院工学系研究科特任准教授。専門分野は、人工知能、ウェブマイニング、ビッグデータ分析。2014年より人工知能学会で倫理委員長を務める。おもな著書に、『人工知能は人間を超えるか』、共著書に『東大准教授に教わる「人工知能って、そんなことまでできるんですか？」』（ともにKADOKAWA ／中経出版）などがある。

■編集・構成　造事務所（ぞうじむしょ）

1985年設立の企画・編集会社。編著となる単行本は年間40数冊。編集制作物に『電気の大研究』、『熱と温度のひみつ』（ともにPHP研究所）、『頭げんき！ 超かんたん脳トレ（全４巻）』（ポプラ社）などがある。

◆カバー＆本文デザイン／八月朔日英子

◆文／池田圭一

◆イラスト／西田ヒロコ

■写真提供

Shutterstock

よくわかる人工知能
何ができるのか？ 社会はどう変わるのか？

2017年12月27日　第１版第１刷発行
2019年 5 月 9 日　第１版第３刷発行

監修者　松尾　豊
発行者　後藤淳一
発行所　株式会社ＰＨＰ研究所
東京本部　〒135-8137　江東区豊洲 5-6-52
児童書出版部 ☎ 03-3520-9635（編集）
普及部 ☎ 03-3520-9630（販売）
京都本部　〒601-8411　京都市南区西九条北ノ内町 11
PHP INTERFACE　https://www.php.co.jp/
印刷所
製本所　図書印刷株式会社

ISBN978-4-569-78691-9

NDC007　63 P　29㎝